基礎解説
力　学

守田　治

［著］

朝倉書店

まえがき

 古典力学は，自然現象に対する物理学の考え方，その数学的取り扱いと数学的解法を学ぶ上できわめて有用である．多くの一般物理学の教科書・参考書の冒頭で力学が取り上げられているのも，多くの大学の理系コースで力学の講義が一般物理学とは別に行われているのもこのためにほかならない．

 本書『基礎解説　力学』は 4 年制大学の工学部・理学部において通年 30 回の講義で修了する「力学」の教科書として書かれている．全編を通して論理は厳密で明晰であることを旨とした．また，文章も同様に厳密かつ明晰であることを心がけた．本書を書き進めていく中で，読者が疑問に思うのではないかと思われる点は，例題や問題の形で解決できるようにしている．したがって，読者が本書を読み進めていく上で曖昧さや疑問は一切残らないと信じる．

 私は九州大学理学部地球惑星科学科に奉職していたとき，地球科学を学ぶ学生のための力学の教科書がないことに不便を感じていた．それゆえ，本書は地球科学を学ぶ学生のための内容を包含している．球面極座標における加速度の表現は，通常工学部や理学部の学生には不要であるが，地球科学を学ぶ学生には不可欠であるので付録で詳細に示した．

 第 1 章「物理学の基礎」では力学のみならず物理学で必要なことがらを取り上げた．第 2 章「運動学」では位置，変位，速度，加速度の関係を述べた．また，2.1 節でベクトル解析を取り上げた．ベクトル解析は運動方程式を立てるとき力の分解を行うのに重要であり，後に多体系あるいは剛体の力学を学ぶときに再度重要になる．第 3 章「力と運動」ではニュートンの運動の 3 法則を取り上げた．この章では運動方程式 (運動の第 2 法則) は質点という仮想的な物体に対して適用される．第 4 章「慣性力」では非慣性系における加速度と慣性力 (見かけの力) を取り上げた．特に回転系における加速度を導出し，遠心力とコリオリ力という 2 つの慣性力が存在することを示した．フーコー振子の周期 (1 フーコー振子日) については紙数をいとわず詳細に議論した．第 5 章「仕事とエネルギー」ではニュートン

の運動方程式の第 1 の変形を行う．保存力と位置エネルギーについて厳密に議論し，系に保存力以外の外力が働かない場合には，力学的エネルギー保存則という重要な物理法則が成り立つことを示した．第 6 章「振動」では減衰振動や強制振動の問題を取り上げた．2 階 1 次常微分方程式の解法について少々詳しすぎるくらい説明しているが，これは力学がカリキュラム編成上 1 年次の講義科目になっていることが多く，数学や物理数学の講義で微分方程式の解法が講義されていないことに対する配慮である．第 7 章「質点系と剛体の力学」では，質量中心を定義し，質量中心については質点の力学が成り立つことを示した．第 8 章「運動量と力積」では，ニュートンの運動方程式の第 2 の変形を行い運動量方程式をえる．系に外力が働かない場合には，運動量保存則という重要な物理法則が成り立つことを示した．第 9 章「角運動量方程式」ではニュートンの運動方程式を回転系に適した形式に変形し，角運動量方程式をえる．式の変形の過程で，角運動量と力のモーメントという新しい物理量が登場する．系に力のモーメントが働かない場合は，角運動量保存則という重要な物理法則が成り立つことを示した．これを踏まえ，剛体におけるつり合い (剛体の静力学平衡) を議論した．第 10 章「剛体の運動」では，剛体という仮想的な物体に対して，角運動量方程式がさらに簡潔な形式に変形できることを示した．式の変形過程で慣性モーメントという新しい物理量が登場する．さまざまな形状の物体について慣性モーメントの求め方を示した．剛体運動の例としてコマの歳差運動を論じた．巨大なコマである地球も歳差運動をしていて，それが気候変動の 1 要因であることを述べた．第 11 章「万有引力と惑星の運行」ではニュートンが万有引力の法則と運動の 3 法則を発見する過程をたどった．次にケプラーの 3 法則を厳密に証明した．万有引力の法則の応用例として海洋潮汐を議論し，潮汐摩擦によって月が地球から遠ざかっている速さを定量的に見積もった．

　人物紹介コラムで古典力学を創った物理学者・天文学者 6 人を紹介した．式のフォローに疲れたときの息抜きに一読してほしい．

　本書が世に出ることができたのは九州大学名誉教授・真木太一先生，木田茂夫先生のおかげです．心からお礼申しあげます．
　原稿の段階で査読いただき，多くの貴重なアドバイスをいただいた，九州大学名誉教授・鈴木義則先生，滋賀大学名誉教授・中野裕治先生，佐賀大学名誉教授・

西晃央先生，鳥取大学名誉教授・龍原徹先生，福岡大学名誉教授・安庭宗久先生，福岡大学教授・宮川賢治先生，福岡大学教授・香野淳先生に篤くお礼申します．

　福岡大学で力学の講義を担当する機会を与えていただいた，福岡大学名誉教授・松本泰久先生，福岡大学教授・香野淳先生にお礼申しあげます．元九州大学教授・瓜生道也先生，東京大学名誉教授・松野太郎先生，九州大学名誉教授・澤田龍吉先生には，学部から大学院時代を通じて，物理学・気象学・数学をはじめ多くのことを教えていただき，私に大学への門戸を開いていただきました．

　最後に，本書に深いご理解をいただき出版にご尽力くださった，朝倉書店編集部に深く感謝いたします．

2015 年 2 月

守　田　　治

目　　次

1. **物理学の基礎** ·· 1
   1.1 物理量と単位系 ·· 1
   1.2 有　効　数　字 ·· 2
   1.3 座　標　系 ·· 3
   　1.3.1 直交直線座標 (デカルト座標) ·· 3
   　1.3.2 平面極座標と円筒座標 ·· 3
   　1.3.3 球面極座標 ·· 4
   1.4 座　標　変　換 ·· 5
   1.5 テイラー展開 ·· 6
   演　習　問　題 ·· 9

2. **運　動　学** ·· 10
   2.1 ベ　ク　ト　ル ·· 10
   　2.1.1 3次元基本ベクトル ·· 10
   　2.1.2 ベクトルの和 ··· 10
   　2.1.3 ベクトルの差 ··· 12
   　2.1.4 ベクトルの内積 (スカラー積) ·· 12
   　2.1.5 ベクトルの外積 (ベクトル積) ·· 12
   2.2 変位と速度 ·· 14
   2.3 速度と加速度 ·· 15
   2.4 1次元運動 ·· 16
   　2.4.1 等速直線運動 ··· 16
   　2.4.2 等加速度運動 ··· 16
   2.5 2次元運動 ·· 17
   　2.5.1 楕円運動と放物運動 ··· 17

vi　　　　　　　　　　　　　　目　　次

　2.5.2　等速円運動 ………………………………………… 18
2.6　平面極座標における速度と加速度 ………………………… 20
演 習 問 題 ……………………………………………………… 21

3. 力 と 運 動 …………………………………………………… 23
3.1　ニュートンの運動の3法則 …………………………………… 23
3.2　地球重力による落下運動 …………………………………… 26
　3.2.1　空気抵抗が無視できる場合 ……………………… 26
　3.2.2　空気抵抗が速さに比例する場合 …………………… 27
　3.2.3　空気抵抗が速さの2乗に比例する場合 …………… 28
3.3　放 物 運 動 …………………………………………………… 28
3.4　束 縛 運 動 …………………………………………………… 30
　3.4.1　滑らかな斜面上の滑落運動 ……………………… 30
　3.4.2　摩擦のある斜面上の滑落運動 …………………… 31
　3.4.3　単　振　子 ………………………………………… 33
　3.4.4　バ ネ 振 子 ………………………………………… 34
3.5　向心力と等速円運動 ………………………………………… 35
演 習 問 題 ……………………………………………………… 36

4. 慣　性　力 …………………………………………………… 38
4.1　相 対 運 動 …………………………………………………… 38
4.2　慣性系と非慣性系 …………………………………………… 38
　4.2.1　慣　性　系 ………………………………………… 38
　4.2.2　非 慣 性 系 ………………………………………… 40
4.3　等角速度で回転する系における慣性力 …………………… 41
　4.3.1　コリオリ力 ………………………………………… 43
　4.3.2　フーコー振子 ……………………………………… 43
演 習 問 題 ……………………………………………………… 47

5. 仕事とエネルギー ………………………………………… 48
5.1　運動方程式の変形 …………………………………………… 48

5.2	保存力と位置エネルギー	49
5.3	弾性体のもつ位置エネルギー	51
5.4	力学的エネルギー保存則	51
5.5	エネルギーと仕事の単位	52
5.6	熱の仕事等量	53
演習問題		54

6. 振　　　動　　　　　　　　　　　　　　　55
- 6.1 減衰振動　　　　　　　　　　　　　　55
- 6.2 強制振動　　　　　　　　　　　　　　58
  - 6.2.1 抗力が働かない場合　　　　　　　58
  - 6.2.2 速度に比例する抗力が働く場合　　60
- 6.3 2 重振子　　　　　　　　　　　　　　66
- 6.4 連成振動　　　　　　　　　　　　　　69
- 演習問題　　　　　　　　　　　　　　　　71

7. 質点系と剛体の力学　　　　　　　　　　72
- 7.1 質点系の運動方程式と質量中心　　　　72
- 7.2 剛体の質量中心　　　　　　　　　　　73
- 7.3 質点系と剛体の重心　　　　　　　　　74
- 7.4 質量中心 (重心) の求め方　　　　　　75
  - 7.4.1 実験的方法　　　　　　　　　　　75
  - 7.4.2 質量中心の定義式より求める方法　75
  - 7.4.3 質量中心周りの重力のモーメントの和から求める方法　77
- 演習問題　　　　　　　　　　　　　　　　78

8. 運動量と力積　　　　　　　　　　　　　79
- 8.1 運動方程式の変形　　　　　　　　　　79
- 8.2 運動量保存則　　　　　　　　　　　　80
  - 8.2.1 多体系の場合　　　　　　　　　　80
  - 8.2.2 2 体系の場合　　　　　　　　　　81

8.3　円板の衝突 ·· 83
　　8.3.1　1次元非弾性衝突 ······································· 83
　　8.3.2　1次元弾性衝突 ··· 85
　　8.3.3　完全非弾性衝突 ·· 86
　8.4　床面や壁面との衝突 ·· 88
　8.5　2次元の衝突 ·· 89
　8.6　質量が時間変化する場合の運動方程式 ······················ 90
　演習問題 ··· 92

9. 角運動量方程式 ·· 94
　9.1　回転運動を記述する運動方程式 ······························ 94
　9.2　力のモーメントと角運動量 ··································· 95
　　9.2.1　力のモーメント ·· 95
　　9.2.2　角運動量 ·· 97
　9.3　中心力と角運動量保存則 ····································· 98
　9.4　質点系の角運動量方程式 ····································· 99
　9.5　剛体のつり合い ··· 100
　　9.5.1　剛体が静止するための条件 ······························ 100
　　9.5.2　剛体のつり合いに関する例題 ···························· 101
　演習問題 ·· 104

10. 剛体の運動 ··· 105
　10.1　固定軸のまわりの回転運動 ·································· 105
　　10.1.1　接線速度と角速度 ······································ 105
　　10.1.2　剛体の回転運動 ·· 106
　　10.1.3　さまざまな形状をした剛体の慣性モーメント ············ 108
　　10.1.4　質量中心を通らない回転軸周りの慣性モーメント ········ 110
　　10.1.5　実体振子 ··· 111
　　10.1.6　ボルダの振子 ··· 112
　10.2　剛体の平面運動 ·· 112
　　10.2.1　運動を支配する方程式 ·································· 112

10.2.2　平面上を滑らずに転がる剛体の運動 ･････････････････ 113
　　10.2.3　斜面上を滑らずに転がり落ちる剛体の運動 ･････････････ 114
　　10.2.4　剛体のさまざまな平面運動 ･･････････････････････ 115
　10.3　歳差運動 ･･･････････････････････････････････････ 118
　　10.3.1　コマの歳差運動 ･･････････････････････････････ 118
　　10.3.2　地球の歳差運動 ･･････････････････････････････ 119
　演習問題 ･･･ 120

11. 万有引力と惑星の運行 ･･･････････････････････････････ 121
　11.1　万有引力の法則 ･･････････････････････････････････ 121
　11.2　有限な大きさの物体が及ぼす万有引力 ･･･････････････････ 124
　11.3　万有引力と重力加速度 ･･････････････････････････････ 127
　11.4　海洋潮汐 ･･･････････････････････････････････････ 128
　11.5　海洋潮汐が月-地球系に及ぼす影響 ･･････････････････････ 130
　11.6　惑星の運行とケプラーの3法則 ･････････････････････････ 132
　11.7　惑星の運動方程式 ････････････････････････････････ 133
　11.8　脱出速度 ･･･････････････････････････････････････ 138
　演習問題 ･･･ 139

A. 付録 ･･･ 141
　A.1　球面極座標における加速度 ･･････････････････････････ 141
　A.2　ベクトル解析 ･････････････････････････････････････ 144
　　A.2.1　ベクトル恒等式 ････････････････････････････････ 144
　　A.2.2　各種座標系におけるベクトル演算子 ･････････････････ 144
　A.3　重要な物理量 ････････････････････････････････････ 145
　A.4　文献 ･･･ 146

問題の解答 ･･ 147
索引 ･･ 159

● **コラム：古典力学を築いた科学者** ●

アイザック・ニュートン
　Sir Isaac Newton【1642-1727】……………………………… 25

ガリレオ・ガリレイ
　Galileo Galilei【1564-1642】…………………………………… 32

レオン・フーコー
　Léon Foucault【1819-1868】…………………………………… 45

ジェームス・ジュール
　James Joule【1818-1889】……………………………………… 53

ティコ・ブラーエ
　Tycho Brahe【1546-1601】…………………………………… 133

ヨハネス・ケプラー
　Johannes Kepler【1571-1630】……………………………… 134

1
物理学の基礎

この章では力学だけでなく物理学全般で必要とされる重要な基礎知識をとり上げた．

1.1 物理量と単位系

物理法則は一般に物理量の間の関係を与えるものである．物理量には大きさと単位をもつ次元量と，単位をもたない無次元量がある．物理における基本単位は長さ，質量，時間，熱力学的温度，物質量，電流，光度の単位で，それらとしてm(メートル)，kg(キログラム)，s(秒)，K(ケルビン)，mol(モル)，A(アンペア)，cd(カンデラ)を用いる単位系をSI基本単位という[*1]．現在では数少ない例外を除いて，SI基本単位を用いるのが通例である．また，SI基本単位の乗除によって誘導される単位をSI誘導(組立)単位という．それらを表1.1と表1.2に示す．

物理量にはSI基本単位，SI誘導単位では桁数が大きすぎたり小さすぎたりするものがあり，その時には単位に適切な接頭語をつけて表示することがある．そ

表 1.1　SI 基本単位

物理量	名称	記号
長さ	メートル	m
質量	キログラム	kg
時間	秒	s
温度	ケルビン	K
物質量	モル	mol
電流	アンペア	A
光度	カンデラ	cd

表 1.2　SI 誘導単位

物理量	名称	記号
周期	ヘルツ	$Hz\,(s^{-1})$
力	ニュートン	$N\,(kg\,m\,s^{-2})$
圧力	パスカル	$Pa\,(Nm^{-2})$
エネルギー	ジュール	$J\,(Nm)$
仕事率	ワット	$W\,(Js^{-1})$

[*1] Le Système International d'Unités の略称．フランス語が用いられるのはメートル法がフランスで制定された歴史的経緯による．

表 1.3 接頭語

べき乗	接頭語	記号	べき乗	接頭語	記号
10^{24}	ヨタ yotta	Y	10^{-24}	ヨクト yocto	y
10^{21}	ゼタ zetta	Z	10^{-21}	ゼプト zepto	z
10^{18}	エクサ exa	E	10^{-18}	アト atto	a
10^{15}	ペタ peta	P	10^{-15}	フェムト femto	f
10^{12}	テラ tela	T	10^{-12}	ピコ pico	p
10^{9}	ギガ giga	G	10^{-9}	ナノ nano	n
10^{6}	メガ mega	M	10^{-6}	マイクロ micro	μ
10^{3}	キロ kilo	k	10^{-3}	ミリ milli	m
10^{2}	ヘクト hecto	h	10^{-2}	センチ centi	c
10^{1}	デカ deca	da	10^{-1}	デシ deci	d

れらの接頭語を表 1.3 に示す．質量の基本単位 kg にはすでに接頭語 k がついているので，他の接頭語をつけるときには kg にではなく g につけることに注意せねばならない．

1.2 有効数字

物理量には長さや質量，温度などのように計測器で測られる直接測定値と，物体の体積や密度のように，直接測定値の組合せによって導出される間接測定値がある．計測器にはアナログ式とディジタル式があり，アナログ計測器で測定する時は最小目盛りの 1/10 まで目見当で読み取るのが通例である．測定値は計測器の精度によってどの桁数まで信頼できるかが決まり，それを有効数字という．たとえば巻尺で距離を測り 100 m という測定値を得たとしよう．しかしこの表記では 0.1 m の位まで信頼できるのか，あるいは 1 m の位まで信頼できるのかわからない．もしも 1 m の位まで信頼できるのであれば 1.00×10^2 m と表記すれば信頼できる桁数が明らかである．また，0.1 m の位まで信頼できるのであれば 1.000×10^2 m または 100.0 m と表記すればよい．

間接測定値は直接測定値の加減乗除により求まる．2 つ以上の直接測定値の乗算，除算を行うとき，得られる値の有効数字の桁数は，直接測定値の有効数字の最少の桁数になる．無意味な計算を省くため，計算に先立ってすべての直接測定値の桁数をそろえておく必要がある．

問 1 銅製の円柱がある．ノギスで測定すると，直径 55.25 mm，高さ 102.35 mm であった．円柱の体積を求めよ．

1.3 座標系

物理学では取り扱う対象に応じて，あるいは取り扱う現象のスケールに応じていくつかの座標系を使い分ける．これらは基本的に 3 次元座標系だが，自由度の縮退に伴って 2 次元座標系，1 次元座標系になる．座標系の基本ベクトルは直交するが，座標軸は直線に限らず曲線の場合もある．座標軸が直線だけで構成される座標系を直交直線座標，直線と曲線で構成される座標系を直交曲線座標という．

1.3.1 直交直線座標 (デカルト座標)

最も一般的に用いられる座標系で，3 つの座標軸が直線であり 3 軸 (x 軸，y 軸，z 軸) は右手系をなす (図 1.1)．

1.3.2 平面極座標と円筒座標

2 次元平面上の任意の点 P の位置はデカルト座標では (x,y) と表せる．しかし，場合によっては点 P の位置を原点 O からの距離 r (動径) と，x 軸と動径がなす角 θ(方位角) で表すほうが便利なことがある (図 1.2)．このような座標系を平面極座標という．(x,y) と (r,θ) の間には，

$$x = r\cos\theta \tag{1.1}$$
$$y = r\sin\theta \tag{1.2}$$

という変換関係が成り立つ．あるいは (x,y) から (r,θ) への変換は，

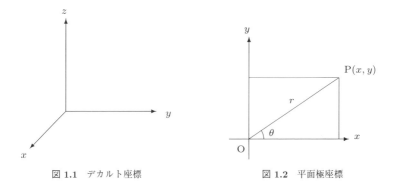

図 1.1　デカルト座標　　　　　図 1.2　平面極座標

$$r = \sqrt{x^2 + y^2} \tag{1.3}$$

$$\theta = \tan^{-1}\left(\frac{y}{x}\right) \tag{1.4}$$

と表せる．平面極座標の点 (r, θ) における面積要素は $dS = rd\theta dr$ である．$r - \theta$ 平面に直交する直線座標 (z 軸) を加えた 3 次元座標系を円筒座標 (円柱座標) という．円筒座標における体積要素は $dV = rd\theta drdz$ である．

1.3.3 球面極座標

球形の物体の諸物理量を計算したり，地球上で地球の曲率が影響するようなスケールの運動を議論するときには，デカルト座標ではなく球面極座標 (図 1.3) を用いるのが便利である．任意の点 P の位置座標を，動径 r，方位角 ϕ，天頂角 θ で表し，デカルト座標 (x, y, z) との関係は，

$$x = r\cos\theta\cos\phi \tag{1.5}$$

$$y = r\cos\theta\sin\phi \tag{1.6}$$

$$z = r\sin\theta \tag{1.7}$$

となる．半径 r の球面上の点 (r, ϕ, θ) における面積要素は $dS = r^2\cos\theta d\phi d\theta$ であり，点 (r, ϕ, θ) における体積要素は $dV = r^2\cos\theta drd\phi d\theta$ である．

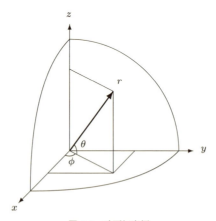

図 1.3 球面極座標

1.4 座標変換

2次元デカルト座標 x, y を原点 O の周りに反時計方向に θ 回転した座標を x', y' とする.このとき,x, y 上の任意のベクトル $\vec{A} = (A_x, A_y)$ は x', y' でどのように表現されるかを考えよう.ベクトル $\vec{A}$ を x', y' 上では $\vec{A}' = (A'_x, A'_y)$ とすると,図 1.4 から明らかなように,

$$A'_x = A_x \cos\theta + A_y \sin\theta$$
$$A'_y = -A_x \sin\theta + A_y \cos\theta$$

この関係式を行列を用いて表すと,

$$\begin{pmatrix} A'_x \\ A'_y \end{pmatrix} = \begin{pmatrix} \cos\theta & \sin\theta \\ -\sin\theta & \cos\theta \end{pmatrix} \begin{pmatrix} A_x \\ A_y \end{pmatrix} \tag{1.8}$$

となる.逆に (A'_x, A'_y) から (A_x, A_y) への変換は,式 (1.8) の左から変換行列の逆行列を作用させるとえられる.

$$\begin{pmatrix} A_x \\ A_y \end{pmatrix} = \begin{pmatrix} \cos\theta & \sin\theta \\ -\sin\theta & \cos\theta \end{pmatrix}^{-1} \begin{pmatrix} A'_x \\ A'_y \end{pmatrix}$$
$$= \begin{pmatrix} \cos\theta & -\sin\theta \\ \sin\theta & \cos\theta \end{pmatrix} \begin{pmatrix} A'_x \\ A'_y \end{pmatrix} \tag{1.9}$$

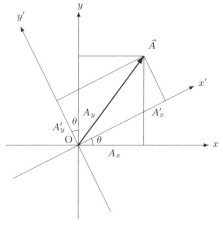

図 1.4　座標変換

座標変換の式 (1.8), (1.9) はデカルト座標 (x, y) から平面極座標 (r, θ) への変換にも適用できる．

1.5 テイラー展開

無限階微分可能な関数 $f(x)$ は，$x = x_0$ の周りで $(x - x_0)$ のべき級数に展開することができる．このべき級数をテイラー (Taylor) 級数という．べき級数がもとの関数 $f(x)$ と一致するとき，関数 $f(x)$ はテイラー展開可能という．すなわち，

$$f(x) = C_0 + C_1(x - x_0) + C_2(x - x_0)^2 + \cdots + C_n(x - x_0)^n + \cdots$$
$$= \sum_{n=0}^{\infty} C_n(x - x_0)^n \tag{1.10}$$

式 (1.10) の両辺を x について連続して微分する．

$$\frac{df(x)}{dx} = C_1 + 2C_2(x - x_0) + 3C_3(x - x_0)^2 + \cdots + nC_n(x - x_0)^{n-1} + \cdots$$
$$= \sum_{n=1}^{\infty} nC_n(x - x_0)^{n-1}$$

$$\frac{d^2 f(x)}{dx^2} = 2!C_2 + 2 \cdot 3C_3(x - x_0) + \cdots + n(n-1)C_n(x - x_0)^{n-2} + \cdots$$
$$= \sum_{n=2}^{\infty} n(n-1)C_n(x - x_0)^{n-2}$$

$$\vdots$$

$$\frac{d^m f(x)}{dx^m} = m!C_m + \frac{(m+1)!}{1!}C_{m+1}(x - x_0)$$
$$+ \cdots + \frac{n!}{(n-m)!}C_n(x - x_0)^{n-m} + \cdots$$
$$= \sum_{n=m}^{\infty} \frac{n!}{(n-m)!}C_n(x - x_0)^{n-m} \tag{1.11}$$

$$\vdots$$

式 (1.10), (1.11) において $x = x_0$ とおくと，

$$C_0 = f(x_0)$$
$$C_1 = \frac{1}{1!}\frac{df(x_0)}{dx}$$

1.5 テイラー展開

$$C_2 = \frac{1}{2!}\frac{d^2 f(x_0)}{dx^2}$$
$$\vdots$$
$$C_m = \frac{1}{m!}\frac{d^m f(x_0)}{dx^m} \tag{1.12}$$
$$\vdots$$

式 (1.12) を式 (1.10) に代入すると，

$$f(x) = \sum_{n=0}^{\infty} \frac{1}{n!}\frac{d^n f(x_0)}{dx^n}(x-x_0)^n \tag{1.13}$$

$x_0 = 0$ のとき，テイラー展開は特にマクローリン (Maclaurin) 展開と呼ばれる．

例題 1 関数 $f(x) = \sin x$ を $x = 0$ の周りでテイラー級数に展開せよ．
解

$$\frac{df(x)}{dx} = \cos x, \quad \frac{d^2 f(x)}{dx^2} = -\sin x, \quad \frac{d^3 f(x)}{dx^3} = -\cos x, \quad \frac{d^4 f(x)}{dx^4} = \sin x$$

したがって，$f(x)$ の n 階微分を $f^{(n)}(x)$ と表すと，

$$f^{(n)}(0) = \begin{cases} (-1)^m, & n = 2m+1 \text{ のとき} \\ 0, & n = 2m \text{ のとき} \end{cases}$$

$$\sin x = x - \frac{1}{3!}x^3 + \frac{1}{5!}x^5 - \frac{1}{7!}x^7 + \cdots$$
$$= \sum_{m=0}^{\infty} \frac{(-1)^m}{(2m+1)!}x^{2m+1} \tag{1.14}$$

例題 2 関数 $f(x) = \cos x$ を $x = 0$ の周りでテイラー級数に展開せよ．
解

$$\frac{df(x)}{dx} = -\sin x, \quad \frac{d^2 f(x)}{dx^2} = -\cos x, \quad \frac{d^3 f(x)}{dx^3} = \sin x, \quad \frac{d^4 f(x)}{dx^4} = \cos x$$

したがって，

$$f^{(n)}(0) = \begin{cases} (-1)^m, & n = 2m \text{ のとき} \\ 0, & n = 2m+1 \text{ のとき} \end{cases}$$

$$\cos x = 1 - \frac{1}{2!}x^2 + \frac{1}{4!}x^4 - \frac{1}{6!}x^6 + \cdots$$
$$= \sum_{m=0}^{\infty} \frac{(-1)^m}{(2m)!} x^{2m} \tag{1.15}$$

例題 3 $f(x) = \exp x$ を $x = 0$ の周りでテイラー級数に展開せよ．
解
$$\frac{d^n f(x)}{dx^n} = \exp x$$
したがって，
$$f^{(n)}(0) = 1$$
$$\exp x = 1 + \frac{1}{1!}x + \frac{1}{2!}x^2 + \frac{1}{3!}x^3 + \cdots$$
$$= \sum_{m=0}^{\infty} \frac{1}{m!} x^m \tag{1.16}$$

例題 4 関数 $f(x) = (1+x)^n$ を $x = 0$ の周りでテイラー級数に展開せよ．
解
$$\frac{df(x)}{dx} = n(1+x)^{n-1}$$
$$\frac{d^2 f(x)}{dx^2} = n(n-1)(1+x)^{n-2}$$
$$\frac{d^3 f(x)}{dx^3} = n(n-1)(n-2)(1+x)^{n-3}$$
したがって，$f(x)$ の m 階微分を $f^{(m)}(x)$ と表すと，
$$f^{(m)}(0) = \frac{n!}{(n-m)!}$$
$$(1+x)^n = 1 + nx + \frac{n(n-1)}{2!}x^2 + \cdots + \frac{n!}{m!(n-m)!}x^m + \cdots$$
$$= \sum_{m=0}^{\infty} \frac{n!}{m!(n-m)!} x^m \tag{1.17}$$

演 習 問 題

1.1 テイラー展開を用いて，オイラー (Euler) の公式 $\exp \tilde{i}x = \cos x + \tilde{i}\sin x$ を証明せよ ($\tilde{i}$ は虚数単位).

1.2 ド・モアブルの定理
$$\cos n\theta + \tilde{i}\sin n\theta = (\cos\theta + \tilde{i}\sin\theta)^n$$
を証明せよ.

1.3 $x = 1.00 \times 10^{-2}$ のとき，$\sin x$ の近似を x の 1 次の項で打ち切ったならば誤差はいくらか.

2
運 動 学

力学の基本は加速度と力の関係を記述するニュートンの運動の法則に尽きるが，それに先立って本章では物体の運動の様態を記述する位置座標，変位，速度，加速度について述べよう．

2.1 ベクトル

物理量には大きさだけをもつスカラー量と，大きさと向きをもつベクトル量がある．ベクトルを表すには $\mathbf{A}$, $\vec{A}$, $\tilde{A}$ などさまざまな表記法があるが，本書では $\vec{A}$ を用いる．ただし，基本ベクトルは $\hat{i}$ のように文字の上に ˆ (ハット) をつけて表し一般のベクトルと区別する．また，$\vec{A}$ の大きさは $|\vec{A}|$ または A と表記する．デカルト座標系では，

$$|\vec{A}| = \sqrt{A_x{}^2 + A_y{}^2 + A_z{}^2} \tag{2.1}$$

となる．ここで，A_x, A_y, A_z は $\vec{A}$ の x, y, z 座標への正射影で，それぞれ $\vec{A}$ の x 成分，y 成分，z 成分という (図 2.1)．

2.1.1 3次元基本ベクトル

互いに直交し大きさが 1 のベクトルの組を基本ベクトル (直交単位ベクトル) という．デカルト座標系においては，x 方向，y 方向，z 方向の基本ベクトルを $\hat{i}, \hat{j}, \hat{k}$ と表すと，任意の 3 次元ベクトルは $\hat{i}, \hat{j}, \hat{k}$ の線形和として次のように表せる．

$$\vec{A} = A_x \hat{i} + A_y \hat{j} + A_z \hat{k} \tag{2.2}$$

2.1.2 ベクトルの和

任意の 2 ベクトル $\vec{A}, \vec{B}$ の和は，

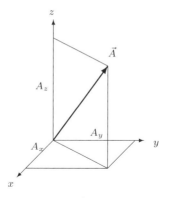

図 2.1 3 次元ベクトル

$$\vec{A} + \vec{B} = (A_x\hat{i} + A_y\hat{j} + A_z\hat{k}) + (B_x\hat{i} + B_y\hat{j} + B_z\hat{k})$$
$$= (A_x + B_x)\hat{i} + (A_y + B_y)\hat{j} + (A_z + B_z)\hat{k} \qquad (2.3)$$

と定義する．図形的には図 2.2 に示すように，$\vec{B}$ の始点を $\vec{A}$ の終点に平行移動したとき，$\vec{A}$ の始点から $\vec{B}$ の終点に向かうベクトルが $\vec{A} + \vec{B}$ である (三角形の法則)．もう 1 つの和の作り方は平行四辺形の法則と呼ばれる．図 2.3 に示すように，$\vec{B}$ の始点を $\vec{A}$ の始点に平行移動し 2 つのベクトルを 2 辺とする平行四辺形を作る．このとき $\vec{A} + \vec{B}$ は 2 つのベクトルの始点を始点とし対角線の他端を終点とするベクトルで与えられる．

ベクトルの和はベクトルの合成ともいわれる．逆に 1 つのベクトルを任意の複数個のベクトルの和として表すことができ，これをベクトルの分解という．平行四辺形の法則を用いれば，1 つのベクトルを任意の 2 ベクトルに分解することができる．これを繰り返せば，1 つのベクトルを複数個のベクトルに分解できる．

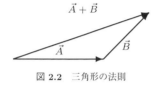

図 2.2 三角形の法則　　　　　図 2.3 平行四辺形の法則

2.1.3 ベクトルの差

任意の 2 ベクトル $\vec{A}$, $\vec{B}$ の差は,

$$\vec{A} - \vec{B} = (A_x \hat{i} + A_y \hat{j} + A_z \hat{k}) - (B_x \hat{i} + B_y \hat{j} + B_z \hat{k})$$
$$= (A_x - B_x) \hat{i} + (A_y - B_y) \hat{j} + (A_z - B_z) \hat{k} \tag{2.4}$$

と定義する. $\vec{A} - \vec{B}$ は $\vec{A} + (-\vec{B})$ と等しいので, 図形的には $\vec{A}$ と $-\vec{B}$ の和を求めることと同義であり, 2 ベクトルの和を求めるときと同様に, 三角形の法則や平行四辺形の法則を適用できる.

2.1.4 ベクトルの内積 (スカラー積)

2 つのベクトル $\vec{A}$, $\vec{B}$ の積をとるとスカラー量になるものをベクトルの内積という. $\vec{A} \cdot \vec{B}$ と表記し,

$$\vec{A} \cdot \vec{B} = |\vec{A}||\vec{B}| \cos \theta \tag{2.5}$$

と定義する. ここで, θ は 2 ベクトルがなす角である.

基本ベクトル間の内積は,

$$\hat{i} \cdot \hat{i} = 1, \quad \hat{j} \cdot \hat{j} = 1, \quad \hat{k} \cdot \hat{k} = 1$$
$$\hat{i} \cdot \hat{j} = 0, \quad \hat{j} \cdot \hat{k} = 0, \quad \hat{k} \cdot \hat{i} = 0$$

となる.

問 1 2 つのベクトル $\vec{A} = A_x \hat{i} + A_y \hat{j} + A_z \hat{k}$, $\vec{B} = B_x \hat{i} + B_y \hat{j} + B_z \hat{k}$ の内積をそれぞれの x 成分, y 成分, z 成分で表せ.

2.1.5 ベクトルの外積 (ベクトル積)

2 つのベクトル $\vec{A}$, $\vec{B}$ の積をとるとベクトル量になる演算をベクトルの外積といい, $\vec{C} = \vec{A} \times \vec{B}$ と表記する. $\vec{C}$ の向きは, $\vec{A}$ から $\vec{B}$ に右ネジを回すときに右ネジの進む向きで (右ネジの法則), その大きさは,

$$|\vec{C}| = |\vec{A}||\vec{B}| \sin \theta \tag{2.6}$$

と定義する. ここで, θ は 2 ベクトル $\vec{A}$, $\vec{B}$ がなす角である.

基本ベクトル間の外積は,

$$\hat{\imath}\times\hat{\jmath}=\hat{k}, \quad \hat{\jmath}\times\hat{k}=\hat{\imath}, \quad \hat{k}\times\hat{\imath}=\hat{\jmath}$$
$$\hat{\imath}\times\hat{\imath}=0, \quad \hat{\jmath}\times\hat{\jmath}=0, \quad \hat{k}\times\hat{k}=0$$

となる.

問2 2つのベクトル $\vec{A}=A_x\hat{\imath}+A_y\hat{\jmath}+A_z\hat{k}$, $\vec{B}=B_x\hat{\imath}+B_y\hat{\jmath}+B_z\hat{k}$ の外積をそれぞれの x 成分, y 成分, z 成分で表すと,

$$\vec{A}\times\vec{B}=\hat{\imath}(A_yB_z-A_zB_y)+\hat{\jmath}(A_zB_x-A_xB_z)+\hat{k}(A_xB_y-A_yB_x) \quad (2.7)$$

となることを示せ. なお, $\vec{A}\times\vec{B}$ は行列式を用いて次のように書き表すことができる.

$$\vec{A}\times\vec{B}=\begin{vmatrix} \hat{\imath} & \hat{\jmath} & \hat{k} \\ A_x & A_y & A_z \\ B_x & B_y & B_z \end{vmatrix} \quad (2.8)$$

問3 xy 平面上の2ベクトル $\vec{A}$, $\vec{B}$ の外積の大きさ $A_xB_y-A_yB_x$ は, 2ベクトルを隣り合う2辺とする平行四辺形の面積に等しいことを証明せよ (図 2.4).

問4 ベクトル恒等式,

$$\vec{A}\times(\vec{B}\times\vec{C})=(\vec{A}\cdot\vec{C})\vec{B}-(\vec{A}\cdot\vec{B})\vec{C}$$

を証明せよ.

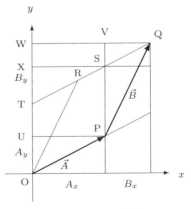

図 2.4 ベクトルの外積

2.2 変位と速度

デカルト座標系において，時刻 t における位置ベクトルを $\vec{r}(t) = (x(t), y(t), z(t))$, δt 時間後の位置ベクトルを $\vec{r}(t+\delta t) = (x(t+\delta t), y(t+\delta t), z(t+\delta t))$ とする (図 2.5)．このとき，時間増分 δt の間の位置ベクトルの差ベクトルを変位ベクトル $\delta\vec{r}$ という．$\delta\vec{r}$ を δt で割った物理量を，時刻 t と $t+\delta t$ の間の平均速度 $\bar{\vec{v}}$ という．すなわち，

$$\begin{aligned}
\bar{\vec{v}} &= \frac{\vec{r}(t+\delta t) - \vec{r}(t)}{\delta t} \\
&= \hat{i}\frac{x(t+\delta t) - x(t)}{\delta t} + \hat{j}\frac{y(t+\delta t) - y(t)}{\delta t} + \hat{k}\frac{z(t+\delta t) - z(t)}{\delta t}
\end{aligned} \tag{2.9}$$

時間増分 δt を限りなく 0 に近づけると，時刻 t における速度をえる．

$$\begin{aligned}
\vec{v}(t) &= \lim_{\delta t \to 0} \frac{\vec{r}(t+\delta t) - \vec{r}(t)}{\delta t} = \frac{d\vec{r}}{dt} \\
&= \lim_{\delta t \to 0} \left\{ \hat{i}\frac{x(t+\delta t) - x(t)}{\delta t} + \hat{j}\frac{y(t+\delta t) - y(t)}{\delta t} + \hat{k}\frac{z(t+\delta t) - z(t)}{\delta t} \right\} \\
&= \hat{i}\frac{dx}{dt} + \hat{j}\frac{dy}{dt} + \hat{k}\frac{dz}{dt} = \hat{i}u + \hat{j}v + \hat{k}w
\end{aligned} \tag{2.10}$$

ここで u, v, w は速度 $\vec{v}$ の x, y, z 成分である．速度の大きさを速さといい，$|\vec{v}|$ あるいは v と表す．速度はベクトル，速さはスカラーであり，その単位は，

$$[v] = [\text{m}\,\text{s}^{-1}]$$

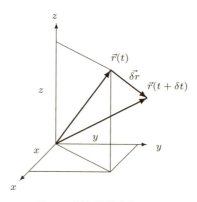

図 2.5 位置座標と変位

2.3 速度と加速度

デカルト座標系において，時刻 t における速度を $\vec{v}(t)$，時間増分 δt 後の速度を $\vec{v}(t+\delta t)$ とする (図 2.6)．このとき，速度変化 $\delta \vec{v} = \vec{v}(t+\delta t) - \vec{v}(t)$ を δt で割った物理量を，時刻 t と $t+\delta t$ の間の平均加速度 $\bar{\vec{\alpha}}$ という．すなわち，

$$\begin{aligned}\bar{\vec{\alpha}} &= \frac{\vec{v}(t+\delta t) - \vec{v}(t)}{\delta t} \\ &= \hat{i}\frac{u(t+\delta t) - u(t)}{\delta t} + \hat{j}\frac{v(t+\delta t) - v(t)}{\delta t} + \hat{k}\frac{w(t+\delta t) - w(t)}{\delta t}\end{aligned} \quad (2.11)$$

時間 δt を限りなく 0 に近づけると，時刻 t における加速度をえる．

$$\begin{aligned}\vec{\alpha}(t) &= \lim_{\delta t \to 0}\frac{\vec{v}(t+\delta t) - \vec{v}(t)}{\delta t} = \frac{d\vec{v}}{dt} \\ &= \lim_{\delta t \to 0}\left\{\hat{i}\frac{u(t+\delta t) - u(t)}{\delta t} + \hat{j}\frac{v(t+\delta t) - v(t)}{\delta t} + \hat{k}\frac{w(t+\delta t) - w(t)}{\delta t}\right\} \\ &= \hat{i}\frac{du}{dt} + \hat{j}\frac{dv}{dt} + \hat{k}\frac{dw}{dt} = \hat{i}\alpha_x + \hat{j}\alpha_y + \hat{k}\alpha_z\end{aligned} \quad (2.12)$$

ここで，$\alpha_x, \alpha_y, \alpha_z$ は加速度 $\vec{\alpha}$ の x, y, z 成分である．

式 (2.10) を式 (2.12) に代入すると，

$$\vec{\alpha}(t) = \frac{d\vec{v}}{dt} = \frac{d^2\vec{r}}{dt^2} \quad (2.13)$$

加速度の大きさは $|\vec{\alpha}|$ または α と表す．また，加速度の単位は，

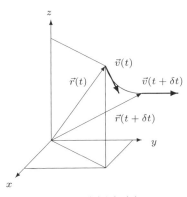

図 **2.6** 速度と加速度

$$[\alpha] = [\mathrm{m\,s^{-2}}]$$

である．

2.4　1次元運動

議論を単純にするために1次元運動を考える．2次元運動であれ3次元運動であれ，運動の解析を行うときには座標成分に分けて行うので，1次元運動は決して特殊な運動の形態ではなく，2次元運動，3次元運動へつながる普遍的な運動である．たとえば2次元運動を行う物体の軌跡を求めるには，時刻 t の関数である2次元位置座標 $x(t), y(t)$ からパラメータ t を消去すればえられる．

2.4.1　等速直線運動

直線上を一定の向きに一定の速さで移動する点Pの運動を，等速直線運動あるいは等速度運動といい，運動の最も基本的な形態である．運動方向を x 軸の正方向とすると，

$$\frac{dx}{dt} = u \tag{2.14}$$

任意の時刻 t における点Pの位置座標は，式 (2.14) を初期条件 ($t=0$ で $x=x_0$) のもとで解くと求まる．

$$x = x_0 + ut \tag{2.15}$$

2.4.2　等加速度運動

直線上を一定の加速度で移動する点Pの運動は，

$$\frac{d^2 x}{dt^2} = \alpha \tag{2.16}$$

となる (α は一定)．式 (2.16) を初期条件 ($t=0$ で $u=u_0$) のもとで解くと任意の時刻 t における点Pの速さがえられる．

$$\frac{dx}{dt} = u(t) = u_0 + \alpha t \tag{2.17}$$

さらに式 (2.17) を初期条件 ($t=0$ で $x=x_0$) のもとで解くと任意の時刻 t における点Pの位置座標がえられる．

$$x = x_0 + u_0 t + \frac{1}{2}\alpha t^2 \tag{2.18}$$

式 (2.17) と式 (2.18) から t を消去すると,

$$2\alpha(x - x_0) = u(t)^2 - u_0{}^2 \tag{2.19}$$

をえる. 式 (2.19) は (変位), (加速度), (初速), (時刻 t における速さ) の間の関係を与え, 時刻 t を陽に含まない.

問 5 高さ 200.0 m の塔から, 鉄球を静かに (初速 $0.00\,\mathrm{m\,s^{-1}}$ で) 落としたところ, 3.00 秒後には 44.1 m, 4.00 秒後には 78.4 m, 5.00 秒後には 122.5 m 落下した.
1) 落下開始後 3.00 秒と 4.00 秒の間の平均の速さを求めよ.
2) 落下開始後 4.00 秒と 5.00 秒の間の平均の速さを求めよ.
3) 落下開始後 3.50 秒と 4.50 秒の間の平均の加速度の大きさを求めよ.

問 6 時刻 0 で静止していた物体が, 直線上を一定の加速度 $\alpha = 5.00\,\mathrm{m\,s^{-2}}$ で運動しはじめた. 物体の 10.0 秒後の速さを求めよ.

2.5　2 次 元 運 動

平面内の 2 次元運動を考える. 2 次元運動の軌跡は 2 つの座標成分の位置座標を時刻 t の関数として求め, 2 つの式から t を消去することによってえられる. ここでは楕円運動と放物運動の例を示す.

2.5.1　楕円運動と放物運動

例題 1　x 座標と y 座標が,

$$x = a\cos\omega t \tag{2.20}$$
$$y = b\sin\omega t \tag{2.21}$$

で与えられる運動の軌跡を求めよ.
解　$\sin^2(\omega t) + \cos^2(\omega t) = 1$ なので,

$$\frac{x^2}{a^2} + \frac{y^2}{b^2} = 1$$

運動の軌跡は楕円である.

例題 2 x 座標と y 座標が,

$$x = u_0 t \tag{2.22}$$

$$y = \frac{1}{2}\alpha t^2 \tag{2.23}$$

で与えられる運動の軌跡を求めよ.

解 式 (2.22) より,

$$t = \frac{x}{u_0} \tag{2.24}$$

式 (2.24) を式 (2.23) に代入すると,

$$y = \frac{\alpha}{2u_0{}^2}x^2$$

運動の軌跡は放物線になる.

2.5.2 等速円運動

等速円運動は,方位角方向の速さは変化しないが,速度ベクトルの向きが時々刻々変化するので加速度運動である.等速円運動における加速度は次のようにして求めることができる.運動の様態から座標は平面極座標を用いるのが適切である.動径ベクトル $\vec{r}$ の向きは中心から動径方向外向きで,大きさは曲率半径である.時刻 t における質点[*1)]の位置を P,接線速度を $\vec{v}(t)$,時刻 $t+\delta t$ における質点の位置を Q,接線速度を $\vec{v}(t+\delta t)$ とし,円弧 PQ を δs,∠POQ を $\delta\theta$ とすると,

$$\delta s = r\delta\theta \tag{2.25}$$

となる (図 2.7). 両辺を δt で割り,δt を限りなく 0 に近づけると,

$$\lim_{\delta t \to 0} \frac{\delta s}{\delta t} = r \lim_{\delta t \to 0} \frac{\delta \theta}{\delta t}$$

$$v = r\omega \tag{2.26}$$

をえる.ここで ω は角速度 $\vec{\omega}$ の大きさである.角速度 $\vec{\omega}$ の向きは,回転方向に右ネジの回転方向を一致させたとき,右ネジの進む向きと定義する.したがって,式 (2.26) のベクトル形式は,

---

[*1)] 質量をもつが大きさをもたない仮想的物体.

2.5 2次元運動

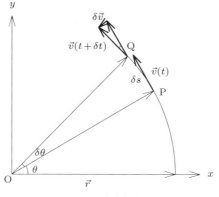

図 2.7 向心加速度

$$\vec{v} = \vec{\omega} \times \vec{r} \tag{2.27}$$

となる．速度 $\vec{v}(t)$ と $\vec{v}(t+\delta t)$ のなす角は $\delta\theta$ に等しい．したがって，速度変化ベクトル $\delta\vec{v}$ の大きさは，

$$\delta v = v\delta\theta \tag{2.28}$$

である．時刻 t における加速度の大きさは式 (2.28) の両辺を δt で割り，δt を限りなく 0 に近づければえられる．

$$\lim_{\delta t \to 0} \frac{\delta v}{\delta t} = v \lim_{\delta t \to 0} \frac{\delta \theta}{\delta t}$$
$$\alpha = v\omega = r\omega^2 = \frac{v^2}{r} \tag{2.29}$$

加速度の向きは，δt を限りなく 0 に近づければ，点 P から円運動の中心 O に向かう．ゆえに等速円運動の加速度を向心加速度という．向心加速度をベクトルで表すと，

$$\vec{\alpha} = -r\omega^2 \hat{r} = -\frac{v^2}{r}\hat{r} \tag{2.30}$$

となる．ここで $\hat{r}$ は動径方向の基本ベクトルである．

次に，等速円運動の x 座標，y 座標への正射影について考察しよう．平面極座標と 2 次元デカルト座標との関係は式 (1.1), (1.2) で与えたとおり，

$$x = r\cos\theta = r\cos\omega t \tag{2.31}$$

である．ただし今回の場合 r は一定である．この運動は第 3 章で取り上げる単振動にほかならない．速度の x 成分 v_x と y 成分 v_y は，式 (2.31)，(2.32) を時刻 t について微分するとえられる．

$$v_x = -r\omega \sin \omega t = -v \sin \omega t \tag{2.33}$$

$$v_y = r\omega \cos \omega t = v \cos \omega t \tag{2.34}$$

問7 等速円運動における速度の x 成分と y 成分，式 (2.33)，(2.34) は図 2.7 から幾何学的にえられることを示せ．

2.6 平面極座標における速度と加速度

平面極座標における加速度を導出しよう．時刻 t に点 P にあった質点が，微小な時間増分 δt 後に点 Q に移動した．点 P の位置座標を (r, θ)，点 Q の位置座標を $(r + \delta r, \theta + \delta\theta)$ とする．動径方向の基本ベクトルを $\hat{r}$，方位角方向の基本ベクトルを $\hat{\theta}$ とすると，点 P における速度は，

$$\vec{v} = \frac{dr}{dt}\hat{r} + r\frac{d\theta}{dt}\hat{\theta} \tag{2.35}$$

式 (2.35) を時間微分すると加速度がえられる．

$$\frac{d\vec{v}}{dt} = \frac{d^2 r}{dt^2}\hat{r} + \frac{dr}{dt}\frac{d\hat{r}}{dt} + \frac{dr}{dt}\frac{d\theta}{dt}\hat{\theta} + r\frac{d^2\theta}{dt^2}\hat{\theta} + r\frac{d\theta}{dt}\frac{d\hat{\theta}}{dt} \tag{2.36}$$

基本ベクトル $\hat{r}$，$\hat{\theta}$ の時間微分を求める．図 2.8 から，$\delta\vec{v}$ の大きさは $\delta\theta$ であり向きは $\hat{r}$ の負の向きであることがわかる．次に，図 2.9 から $\delta\hat{r}$ の大きさは $\delta\theta$ であり向きは $\hat{\theta}$ の正の向きである．したがって，

$$\frac{d\hat{\theta}}{dt} = -\frac{d\theta}{dt}\hat{r} \tag{2.37}$$

$$\frac{d\hat{r}}{dt} = \frac{d\theta}{dt}\hat{\theta} \tag{2.38}$$

をえる．式 (2.37)，(2.38) を式 (2.36) に代入すると，

$$\frac{d\vec{v}}{dt} = \frac{d^2 r}{dt^2}\hat{r} + 2\frac{dr}{dt}\frac{d\theta}{dt}\hat{\theta} + r\frac{d^2\theta}{dt^2}\hat{\theta} - r\left(\frac{d\theta}{dt}\right)^2 \hat{r}$$

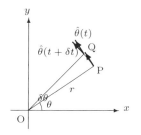
図 2.8 基本ベクトル $\hat{\theta}$ の時間変化

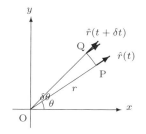
図 2.9 基本ベクトル $\hat{r}$ の時間変化

$$= \left\{ \frac{d^2r}{dt^2} - r\left(\frac{d\theta}{dt}\right)^2 \right\} \hat{r} + \left(2\frac{dr}{dt}\frac{d\theta}{dt} + r\frac{d^2\theta}{dt^2} \right) \hat{\theta} \quad (2.39)$$

となる．この式は第 3 章と第 11 章で用いる．球面極座標における加速度の導出は，少し複雑になるものの基本的には平面極座標における加速度と同様に導ける（詳細は付録 A.1 を参照）．平面極座標や球面極座標は直交曲線座標系に属するが，これらの座標系では基本ベクトルが時間変化するために付加的な加速度項が生ずる．

演 習 問 題

2.1 2 つのベクトル $\vec{A} = 3\hat{i} - 4\hat{j} + 5\hat{k}$, $\vec{B} = -2\hat{i} + 2\hat{j} - 3\hat{k}$ について次の計算を行え．
 1) $\vec{A} \cdot \vec{B}$
 2) $\vec{A} \times \vec{B}$
 3) $\vec{A} \times \vec{B}$ を規格化せよ．

2.2 次のベクトル恒等式を証明せよ．
$$\vec{A} \cdot (\vec{B} \times \vec{C}) = \vec{B} \cdot (\vec{C} \times \vec{A}) = \vec{C} \cdot (\vec{A} \times \vec{B})$$

2.3 1 次独立な 2 つのベクトル $\vec{A}$, $\vec{B}$ から，2 次元基本ベクトルを作れ．ただし，最初の基本ベクトルを $\frac{\vec{A}}{|\vec{A}|}$ とせよ．
（ヒント：$\vec{B}$ から $\vec{A}$ に平行なベクトルを引けば直交するベクトルが残る．）

2.4 直線上を時速 50.0 km で走行していた自動車がブレーキをかけたところ 50 m 走って止まった．ブレーキをかけている間の加速度を一定として，その大きさを求めよ．

2.5 2009 年 8 月 16 日，世界陸上選手権男子 100 m 決勝で，ウサイン・ボルト選手は 9.58 秒の世界記録で優勝した．スタート反応時間 0.15 s，10 m ごとのラップタイムは 1.89 s, 0.99 s, 0.90 s, 0.86 s, 0.83 s, 0.82 s, 0.81 s, 0.82 s, 0.83 s, 0.83 s であった．
 1) 10 m ごとの平均の速さを有効数字 3 桁で求めよ．ただし，最初の 10 m のラップ

タイムはスタート反応時間を差し引いた正味のラップタイムを用いよ．次に 5〜15 m, 15〜25 m, ..., 85〜95 m の平均加速度を有効数字 3 桁で求めよ．

2) このときのボルト選手の走りをモデル化して，0 m から 20 m までは一定の加速度で走り，20 m で最高速度に達し，その後はその速度を維持して 100 m を駆け抜けたとする．20 m までの加速度と最高速度を有効数字 3 桁で求めよ．

2.6 地球は周期 23 時間 56 分 4.09 秒 (86164.09 秒) で自転している．自転の角速度を有効数字 5 桁まで求めよ．また，赤道上の地点 P の向心加速度の大きさを有効数字 3 桁まで求めよ．ただし地球の半径を 6.36×10^6 m とせよ．

2.7 月の公転周期は 27 日 7 時間 43.2 分である．月は地球の周りを半径 3.84×10^8 m の等速円運動をしていると仮定して，接線速度の大きさと向心加速度の大きさを有効数字 3 桁まで求めよ．

3
力 と 運 動

この章ではニュートンの運動方程式を学ぶ．運動方程式は力と加速度の関係を与える式であり，この方程式により私たちは惑星の運行法則を理解し，月に到達し，惑星間探査船を飛ばすことができる．ニュートンの運動方程式こそ力学の精髄といえよう．

3.1 ニュートンの運動の3法則

1) 慣性の法則
 質点[*1)]に力が働かないか，働いていても力の合力が0となるときには，質点は静止しつづけるか等速直線運動をつづける．
2) 運動の法則 (運動方程式)
 質点のもつ運動量 (質量と速度の積) の時間変化は，質点に働く力の総和に等しい．式で表すと，
$$\frac{d\vec{p}}{dt} = \sum_{i=1}^{n} \vec{F}_i \tag{3.1}$$
$$\vec{p} = m\vec{v} \tag{3.2}$$
ここで，$\vec{p}$ は運動量，$\vec{v}$ は速度，m は質量である．
3) 作用反作用の法則
 物体 A が物体 B に力を及ぼすなら，物体 B は物体 A に大きさが同じで向きが反対の力を及ぼす．すなわち，物体 A が物体 B にを及ぼす力を $\vec{F}_{BA}$，物体 B が物体 A に及ぼす力を $\vec{F}_{AB}$ とすると，$\vec{F}_{BA} = -\vec{F}_{AB}$ という関係が成り立つ (図 3.1)．

[*1)] 有限な大きさをもつ物体についても，質量中心については運動の法則が成り立つことを第 7 章で示す．

A　　　　　　B
○ $\vec{F}_{AB}$ → ← $\vec{F}_{BA}$ ○

図 3.1 作用反作用の法則

運動方程式 (3.2) は，質点の質量が時間によらず一定の場合には，

$$m\frac{d\vec{v}}{dt} = m\vec{\alpha} = \sum_{i=1}^{n}\vec{F}_i \tag{3.3}$$

あるいは，

$$m\frac{d^2\vec{r}}{dt^2} = m\vec{\alpha} = \sum_{i=1}^{n}\vec{F}_i \tag{3.4}$$

と書ける．古典力学のあらゆる問題は，運動方程式あるいはその変形版を用いて解くことができる．力の単位はニュートンにちなんで N (ニュートン) と名づけられている．

$$[F] = [\mathrm{N}] = [\mathrm{kg\,m\,s^{-2}}]$$

運動方程式 (3.4) は，質量 1 kg の質点に 1 m s^{-2} の加速度を生じさせる力を 1 N と定義する．物体の運動に運動方程式を適用するとき，ベクトル形式のままではなく座標成分に分解して解く．デカルト座標では式 (3.3) の成分方程式は，

$$m\frac{d^2x}{dt^2} = m\alpha_x = \sum_{i=1}^{n}F_{xi} \tag{3.5}$$

$$m\frac{d^2y}{dt^2} = m\alpha_y = \sum_{i=1}^{n}F_{yi} \tag{3.6}$$

$$m\frac{d^2z}{dt^2} = m\alpha_z = \sum_{i=1}^{n}F_{zi} \tag{3.7}$$

となる．ここで，F_{xi}, F_{yi}, F_{zi} は力 $\vec{F}_i$ の x, y, z 成分を表す．

例題 1　質量を無視できる糸の先端に質量 m の質点を取り付けて，糸の他端を手で支えておく．糸を引き上げはじめ，やがて一定の加速度 α に達した．このときの糸の張力 S を求めよ．ただし，重力加速度の大きさを g とせよ．

解　鉛直上向きを座標軸の正の向きにとると，質点に働く力は $S - mg$ なので，運

動方程式は，
$$m\alpha = S - mg$$
$$\therefore\ S = m(g+\alpha)$$

問 1 乗員を含めた質量が 1.50×10^3 kg の自動車が，直線上を時速 50.0 km で走行していた．前方に障害物があったため急ブレーキをかけたところ，ブレーキをかけてから 50.0 m で停止した．ブレーキをかけた時から駆動力は 0 になりブレーキをかけている間加速度は一定として，タイヤに加わった摩擦力を求めよ．

アイザック・ニュートン
Sir Isaac Newton
【1642-1727】

　イングランドの哲学者・自然哲学者・数学者・神学者．1642 年 12 月 25 日イングランドのリンカーンシャー州ウールソープ・バイ・カールスターワースに生まれる．1661 年ケンブリッジ大学トリニティーカレッジに入学したニュートンは，アイザック・バロー（ケンブリッジ大学ルーカス数学講座初代教授）からその才能を認められ多くの指導と庇護を受けた．1665 年にバローから学位を授与されたが，そのころロンドンではペストが流行し，ケンブリッジ大学は閉鎖された．このため故郷のウールソープに疎開したニュートンは研究に専念しその後 1 年半の間に，万有引力の法則，光の分光，微分積分法の研究を発展させた．1667 年ケンブリッジ大学に戻ったニュートンは，1669 年恩師バローからルーカス教授職を譲られる．1687 年に著した『自然哲学の諸原理（プリンキピア）』の中では，万有引力の法則と運動方程式について述べ，1704 年に著した『光学』では光の粒子説と，白色光がいろいろな色光の混合したものであることを明らかにした．

問2 ダルビッシュ投手のストレートは時速 1.50×10^2 km である．捕手のミットにボールが触れてから静止するまで 1.00×10^{-2} 秒であった．この間の平均加速度を求めよ．また，捕手がミットに加えた力を求めよ．ただし，ボールの質量は 1.45×10^2 g であり，ボールは直線運動をすると仮定せよ．

3.2 地球重力による落下運動

地表付近では単位質量の物体には，鉛直下方に 9.80 N の重力が働く[*2)]．運動方程式から，地表付近の重力加速度の大きさは $g = 9.80 \,\mathrm{m\,s^{-2}}$ である．

3.2.1 空気抵抗が無視できる場合

空気抵抗が無視できる場合，鉛直下方を y 軸の正方向にとると，質量 m の質点に関する運動方程式は，

$$m\frac{d^2 y}{dt^2} = mg \tag{3.8}$$

となる．式 (3.8) の両辺を m で割り時刻 t について積分すると，

$$\frac{dy}{dt} = v = v_0 + gt \tag{3.9}$$

をえる．ここで，v_0 は $t = 0$ における v の値（初速）である．さらに，式 (3.8) の両辺を t について積分すると，

$$y = y_0 + v_0 t + \frac{1}{2} g t^2 \tag{3.10}$$

ここで，y_0 は $t = 0$ における y の値で初期座標という．

重力以外の力が作用せず，初速が 0 のときの落下運動を特に自由落下運動という．自由落下運動における落下距離 d と落下時間 t との関係は，

$$d = y - y_0 = \frac{1}{2} g t^2 \tag{3.11}$$

で与えられる．

問3 大分県九重町の "夢の大吊橋" の手すりから眼下の渓流に小石を静かに落としたところ，手を放してから 5.9 秒後に水しぶきが上がるのが見えた．渓流水面から大吊橋の手すりまでの高さを求めよ．ただし，空気抵抗を無視し重力加速度の大きさを $9.8 \,\mathrm{m\,s^{-2}}$ とせよ．

[*2)] 地球の重力は地表からの高度，緯度，地球を構成する物質の分布などに依存する．詳しい議論は第 11 章「万有引力と惑星の運行」で行う．

3.2.2 空気抵抗が速さに比例する場合

一般に流体中を落下する物体には抵抗が働く．落下の速さが小さいときには抗力は速さに比例する (ストークスの抵抗法則)．鉛直下向きに y 座標をとり y 方向の速さを v とすると運動方程式は，

$$m\frac{dv}{dt} = mg - kv \tag{3.12}$$

となる．両辺を m で割り v の1次の項を左辺に移項すると，

$$\frac{dv}{dt} + \frac{k}{m}v = g \tag{3.13}$$

となる．式 (3.13) の両辺に積分因子 $\exp\left(\frac{k}{m}t\right)$ をかけて積分する．

$$\exp\left(\frac{k}{m}t\right)\frac{dv}{dt} + \exp\left(\frac{k}{m}t\right)\frac{k}{m}v = g\exp\left(\frac{k}{m}t\right)$$

$$v\exp\left(\frac{k}{m}t\right) = \frac{mg}{k}\exp\left(\frac{k}{m}t\right) + C$$

$$\therefore \quad v = \frac{mg}{k} + C\exp\left(-\frac{k}{m}t\right) \tag{3.14}$$

式 (3.14) は式 (3.13) の一般解であり，C は積分定数である．C は初期条件 ($t=0$ で $v=v_0$) から決定される．

$$C = v_0 - \frac{mg}{k}$$

をえる．C を式 (3.14) に代入すると，

$$v = \frac{mg}{k} + \left(v_0 - \frac{mg}{k}\right)\exp\left(-\frac{k}{m}t\right) \tag{3.15}$$

この結果から，十分な時間が経過した後の落下速度は，

$$v_\infty = \frac{mg}{k} \tag{3.16}$$

となる．すなわち，速さに比例する空気抵抗が働く場合には，十分な時間が経過した後物体は一定の速さに達する．これを終端速度 (terminal velocity) という．雨滴の落下速度やパラシュートによる降下速度は終端速度に達している．

問4 終端速度は微分方程式を解くまでもなく求めることができる．どのようにして求めたらよいか．

3.2.3 空気抵抗が速さの2乗に比例する場合

流体中を落下する物体の落下の速さが大きくなると抗力は速さの2乗に比例する. y 座標を鉛直下向きにとり y 方向の速さを v とすると運動方程式は,

$$m\frac{dv}{dt} = mg - kv^2 \tag{3.17}$$

で与えられる. 式 (3.17) を変数分離形にする.

$$\frac{1}{2\sqrt{g}}\left(\frac{1}{\sqrt{g}+\sqrt{\frac{k}{m}}v} + \frac{1}{\sqrt{g}-\sqrt{\frac{k}{m}}v}\right)dv = dt \tag{3.18}$$

辺々積分すると,

$$\sqrt{\frac{m}{k}}\log\left|\sqrt{g}+\sqrt{\frac{k}{m}}v\right| - \sqrt{\frac{m}{k}}\log\left|\sqrt{g}-\sqrt{\frac{k}{m}}v\right| = 2\sqrt{g}t + C'$$

$$\frac{\sqrt{g}+\sqrt{\frac{k}{m}}v}{\sqrt{g}-\sqrt{\frac{k}{m}}v} = \pm\exp\left(2\sqrt{\frac{kg}{m}}t + \sqrt{\frac{k}{m}}C'\right) = C\exp\left(2\sqrt{\frac{kg}{m}}t\right) \tag{3.19}$$

となる. 初速を 0 とすると,

$$C = 1 \tag{3.20}$$

をえる. 式 (3.20) を式 (3.19) に代入すると,

$$v = \sqrt{\frac{mg}{k}}\frac{1-\exp\left(-2\sqrt{\frac{kg}{m}}t\right)}{1+\exp\left(-2\sqrt{\frac{kg}{m}}t\right)} \tag{3.21}$$

式 (3.21) は十分な時間が経過した後,

$$v_\infty = \sqrt{\frac{mg}{k}} \tag{3.22}$$

となり, 空気抵抗が速さの2乗に比例する場合の終端速度がえられた.

3.3 放物運動

地表付近で質点を斜め上方に射出する場合の質点の運動を考える (図 3.2). 空気抵抗は無視できるものとし, 水平方向に x 座標, 鉛直上向きに y 座標をとる.

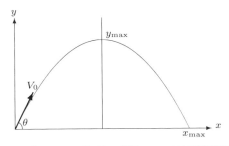

図 3.2　放物運動．$x_{\max}$ は落下点の座標，$y_{\max}$ は最高到達高度の座標．

$t=0$ に座標原点から x 軸と θ の角度，初速 V_0 で質量 m の質点を射出する．このとき x 方向と y 方向の運動方程式は，

$$m\frac{d^2x}{dt^2}=0 \tag{3.23}$$

$$m\frac{d^2y}{dt^2}=-mg \tag{3.24}$$

となる．式 (3.23) を初期条件 ($t=0$ で $u=V_0\cos\theta$) のもとで積分すると，

$$\frac{dx}{dt}=u=V_0\cos\theta \tag{3.25}$$

となる．さらに式 (3.25) を初期条件 ($t=0$ で $x=0$) のもとで積分すると，

$$x=V_0\cos\theta\; t \tag{3.26}$$

をえる．次に，式 (3.24) を初期条件 ($t=0$ で $v=V_0\sin\theta$) のもとで積分すると，

$$\frac{dy}{dt}=v=-gt+V_0\sin\theta \tag{3.27}$$

をえる．さらに式 (3.27) を初期条件 ($t=0$ で $y=0$) のもとで積分すると，

$$y=-\frac{1}{2}gt^2+V_0\sin\theta\; t \tag{3.28}$$

をえる．式 (3.26) と式 (3.28) から t を消去すると，

$$y=-\frac{g}{2V_0^{\,2}\cos^2\theta}\left(x-\frac{V_0^{\,2}\cos\theta\sin\theta}{g}\right)^2+\frac{V_0^{\,2}\sin^2\theta}{2g} \tag{3.29}$$

となり，質点の軌跡は放物線を描くことがわかる．

例題 2 質量 m の質点を地表から仰角 θ, 初速 V_0 で射出した. 水平到達距離を求めよ. ただし, 空気抵抗を無視し重力加速度の大きさを g とせよ.

解 質点が地表に達するまでの時間を求めるために, 式 (3.28) で $y = 0$ とおく.

$$0 = -\frac{1}{2}gt^2 + V_0 \sin\theta\, t$$

$$t = 0, \quad \frac{2V_0 \sin\theta}{g} \tag{3.30}$$

$t = 0$ は射出点における時刻なので, 式 (3.30) の 0 でない解を式 (3.26) に代入すると,

$$x = \frac{V_0^2 \sin 2\theta}{g} \tag{3.31}$$

をえる.

問 5 質量 m の質点を地表から仰角 θ, 初速 V_0 で射出した. 水平到達距離を最大にするためには角度 θ をいくらにしたらよいか. ただし, 空気抵抗は無視し重力加速度の大きさを g とせよ.

3.4 束縛運動

物体が斜面上や球面上を滑る運動や, 振子のように面やひもで軌道を制約された運動を束縛運動という. この節ではいくつかの束縛運動を取り上げよう.

3.4.1 滑らかな斜面上の滑落運動

摩擦がない斜面上を物体が滑り落ちるとき, 物体に働く力は重力 mg と斜面の垂直抗力 N である. 斜面が水平面となす角が θ であるとき, 重力を斜面に平行な成分と垂直な成分に分解すると, 前者は $mg\sin\theta$, 後者は $mg\cos\theta$ となる (図 3.3). 重力の斜面に垂直な成分と垂直抗力は大きさが同じで向きが反対であり 2 つの力はつり合う. 斜面に平行で斜面を下る方向に x 軸をとり, 斜面に垂直な方向に y 軸をとると運動方程式は,

$$m\frac{d^2x}{dt^2} = mg\sin\theta \tag{3.32}$$

$$0 = N - mg\cos\theta \tag{3.33}$$

となる. 斜面に沿う運動は加速度 $g\sin\theta$ の自由落下運動と等価である.

3.4.2 摩擦のある斜面上の滑落運動

運動を妨げようとする力を抗力といい，抗力の働く向きは運動の向きと反対である．物体と物体の接触面に働く摩擦力 R も抗力の 1 つであり，垂直抗力 N に比例する．比例係数は物体を構成する物質と表面の状態に依存し，また物体が静止状態から運動を始めようとするときと，運動状態にあるときとでは異なる．前者を静止摩擦係数 μ，後者を運動摩擦係数 μ' といい，一般に静止摩擦係数のほうが運動摩擦係数より大きい．

$$R = \mu N \qquad 静止状態のとき \tag{3.34}$$

$$R = \mu' N \qquad 運動状態のとき \tag{3.35}$$

斜面に平行で斜面を下る方向に x 軸をとり (図 3.4)，斜面に垂直に y 軸をとると斜面を滑り落ちる物体に関する運動方程式は，

$$m\frac{d^2 x}{dt^2} = mg\sin\theta - \mu' N \tag{3.36}$$

$$N - mg\cos\theta = 0 \tag{3.37}$$

となる．

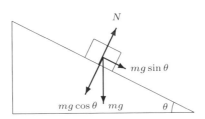

図 3.3 滑らかな斜面上の滑落運動

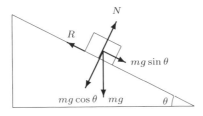

図 3.4 摩擦のある斜面上の滑落運動

ガリレオ・ガリレイ
Galileo Galilei
【1564-1642】

イタリアの自然哲学者．1564年トスカーナ大公国領ピサに生まれる．天文学の分野では，自作の望遠鏡で月面のクレーター，太陽黒点，木星の4つの衛星（後にガリレオ衛星と名づけられた），金星の満ち欠けと大きさの変化（天動説とは矛盾する事実）を発見した．物理学の分野では，ガリレイ変換，振子の等時性，落体の法則を発見した．工学の分野では振子時計を発明した．個々の発明と発見はいずれも時代を超えた偉大な業績だが，自然現象の注意深い観察を通じて自然の法則性を抽出するという近代科学の手法を確立した功績はさらに大きい．ガリレオが発見した落体の法則とは「(1) ある高さから落下するのに要する時間は，落下する物体の質量にはよらない（ガリレオ以前は，重い物体ほど早く落ちるというアリストテレスの学説が信じられていた）．(2) 落下距離は落下時間の2乗に比例する」というものである．ガリレオは落体の法則を実証するために斜面を用いて実験したといわれる．斜面上の落下運動は重力加速度が減少するので運動の観察が容易になるための工夫である．ガリレオはレールを2本並べて作った斜面を2つ用意し，重さの異なる2つの球を同時に転落させて2つの球が斜面の下に同時に落下することを示したと伝えられる．ガリレオは自身の天体観測の結果から地動説を支持したため，1633年に開かれた2度目の異端審問で有罪の判決を受け，終生軟禁状態におかれた．1637年には両眼を失明し（太陽黒点の観測が原因と考えられている），1642年不遇のうちにアルチェトリで亡くなった．

例題 3 水平面との傾きが θ の摩擦のある斜面上に，質量 m の物体が置いてある．物体が滑りはじめるための条件を求めよ．ただし静止摩擦係数を μ とせよ．

解 物体が滑りはじめるためには，

$$R \leq mg \sin \theta \tag{3.38}$$

$$0 = N - mg \cos \theta \tag{3.39}$$

$$R = \mu N \tag{3.40}$$

となることを要す．式 (3.38), (3.39), (3.40) より，

$$\mu mg \cos \theta \leq mg \sin \theta$$

$$\therefore \quad \mu \leq \tan \theta \tag{3.41}$$

斜面上に置いた物体が滑りはじめる角度を測れば，式 (3.41) から斜面と物体の間の静止摩擦係数を求めることができる．

3.4.3 単振子

伸縮性がなく質量が無視できる長さ l の糸の端に質量 m の質点を取り付ける．糸のもう一方の端を固定し，糸がたるまないようにして質点に微小変位を与えると質点は鉛直面内で振動をはじめる．この装置を単振子という．質点は半径 l の円弧に沿って運動するので，座標系は平面極座標を用いる．いま，糸が鉛直線となす角を θ とする (反時計周りを正の向きとする)．質点に働く力は重力 mg と糸の張力 S である．図 3.5 に示すように，重力 mg を動径方向と方位角方向に分解する．動径方向と方位角方向の運動方程式は式 (2.36), (2.37) を用いて，

$$ml \frac{d^2 \theta}{dt^2} = -mg \sin \theta \tag{3.42}$$

$$ml \left(\frac{d\theta}{dt} \right)^2 = S - mg \cos \theta \tag{3.43}$$

いま，質点には微小変位を与えたので，$\theta \ll 1$．したがって，$\sin \theta$ を $\theta = 0$ の周りでテイラー級数展開し，θ の 2 次以上の項を省くと，運動方程式 (3.43) は，

$$\frac{d^2 \theta}{dt^2} + \frac{g}{l} \theta = 0 \tag{3.44}$$

となる．指数解 $\theta \propto \exp(\lambda t)$ を仮定し，式 (3.44) に代入すると，

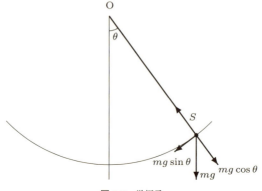

図 3.5　単振子

$$\lambda = \pm \tilde{i}\sqrt{\frac{g}{l}} = \pm \tilde{i}\omega \tag{3.45}$$

をえる．ここで $\tilde{i}(=\sqrt{-1})$ は虚数単位である．式 (3.44) の一般解は，

$$\theta = \theta_0 \cos(\omega t - \phi_0) \tag{3.46}$$

となる．θ_0 を振幅，ω を角振動数，ϕ_0 を初期位相という．ある位相にあった質点が同じ位相に戻るまでの時間を周期 T という．

$$T = \frac{2\pi}{\omega} = 2\pi\sqrt{\frac{l}{g}} \tag{3.47}$$

問6　方位角方向の運動方程式 (3.45) の力の項に負号がついているのはなぜか．

問7　伸縮性がなく質量を無視できる長さ $1.00\,\mathrm{m}$ の糸の先端に質量 $50.0\,\mathrm{g}$ の質点を取り付け，他端を固定点に取り付けて鉛直平面内で振子運動をさせた．単振子の周期を求めよ．ただし，重力加速度の大きさを $9.80\,\mathrm{m\,s^{-2}}$ とせよ．

3.4.4　バネ振子

バネに変位を与えると，変位に比例し変位の向きとは反対向きの力を生ずる．このような変位と力の関係をフック (Hooke) の法則という．式で表すと，

$$F = -k(l - l_0) \tag{3.48}$$

となる．ここで k はバネ定数，l_0 は変位していないときのバネの長さ (自然長)，l は変位を受けたときのバネの長さである．

水平な板に幅と深さが一定のまっすぐな溝が穿ってある．溝の端にバネ定数 k，自然長 l のバネを取り付け，バネの他端には幅が溝の幅とほぼ等しく，溝の中を滑らかに動ける質量 m の直方体を取り付ける．溝に沿う方向を x 軸にとり，バネと直方体の接合点を x 軸の原点とする．物体に変位を与えた後静かに手を離すと物体は振動をはじめた．物体の運動に関する運動方程式は，

$$m\frac{d^2x}{dt^2} = -kx \tag{3.49}$$

となる．式 (3.49) の一般解は，

$$x = x_0 \cos(\omega t - \phi_0) \tag{3.50}$$

$$\omega = \sqrt{\frac{k}{m}} \tag{3.51}$$

したがって，バネ振子の振動周期 T は，

$$T = \frac{2\pi}{\omega} = 2\pi\sqrt{\frac{m}{k}} \tag{3.52}$$

となる．

問 8 長さが l で，バネ定数が k_1 と k_2 のバネを直列につないだ．長さ $2l$ のバネを 1 本のバネとみなしたときのバネ定数 (相当バネ定数) を k とすると，

$$\frac{1}{k} = \frac{1}{k_1} + \frac{1}{k_2} \tag{3.53}$$

となることを示せ．

3.5 向心力と等速円運動

等速円運動の加速度は 2.5.2 小節で論じたように中心を向き，大きさが一定である．向心加速度を生じるためには中心向きに働く力 (向心力) が必要である．太陽の周りを公転運動する惑星には太陽の万有引力が働いているし，ハンマー投げの鉄球には選手が体を傾け足を踏ん張ることによって生じる向心力が働いている．カーブを曲がる自動車に必要な向心力は道路面の傾きとタイヤに働く摩擦が生みだしており，陸上選手がコーナーを回るときには体を曲率中心の向きに傾けることと靴に働く摩擦力で向心力をえている (図 3.6)．

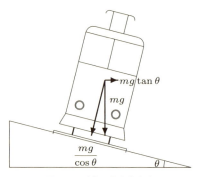

図 3.6 列車に働く向心力

半径 r, 接線速度 v で等速円運動をする質量 m の質点に関する運動方程式は，

$$m\frac{v^2}{r}(-\hat{r}) = m\frac{v^2}{r}(-\hat{r}) = \vec{F} \tag{3.54}$$

となる．ここで $\hat{r}$ は動径方向の単位ベクトルである．

問 9 JR のある路線のカーブは回転半径が 2.50×10^2 m で，電車やディーゼル列車が時速 50.0 km で安全に走行できるよう設計してある．線路の横方向の傾きは水平面から何度か．ただし，重力加速度の大きさを $9.80\,\mathrm{m\,s^{-2}}$ とせよ．

演 習 問 題

3.1 質量 m の質点を地表から鉛直上方に初速 V_0 で射出した．最高到達点を求めよ．また，地表に落下するまでの時間を求めよ．ただし，重力加速度の大きさを g とせよ．

3.2 質量 m の質点を地表から仰角 θ，初速 V_0 で射出した．最高到達点は地表からいくらか．そのときの水平距離はいくらか．また，地表に落下するまでの時間を求めよ．

3.3 2012 年オリンピック・ロンドン大会のハンマー投げで，室伏広治選手は 78.71 m の記録を出して銅メダルを獲得した．ハンマーの鉄球の質量は 7.26 kg，鉄球が飛び出す仰角は 45°，重力加速度の大きさは $9.80\,\mathrm{m\,s^{-2}}$ であり，ワイヤーの質量と空気抵抗は無視できるとして次の問に答えよ．
 1) ハンマーを投げ出すときの地上高は無視できるとして鉄球の初速を求めよ．
 2) ワイヤーの長さは 1.20 m，室伏選手の体の中心から腕をまっすぐ伸ばしたときの手のひらまでは 1.10 m である．室伏選手がワイヤーを引っ張る力を求めよ．

3.4 猿が両手で木の枝にぶら下がっているのを見た猟師は，銃身をまっすぐ猿に向けて引き金を引いた．危険を察知した猿は，銃口から閃光が出るのを見てとっさに手を放して銃弾から逃れようとした．猿は銃弾から逃れることができるだろうか．

3.5 質量が無視できる糸の先端に質量 m_1 の質点 1 を取り付けて，糸の他端を手で支えておく．さらに，質量が無視できる糸で質点 1 の下に質量 m_2 の質点 2 を取り付ける．糸を引き上げはじめ，やがて一定の加速度 α に達した．このとき，上の糸の張力 S_1 と下の糸の張力 S_2 はいくらか．ただし，重力加速度の大きさを g とせよ．

3.6 質量が無視できる長さ l の糸の端に質量 m の質点を取り付け，糸の他端を点 O に固定して質点を水平面内で等速円運動させる (円錐振子)．このとき O を含む鉛直線と糸がなす角は θ であった．円運動の周期を求めよ．ただし，重力加速度の大きさを g とせよ．

3.7 月は地球 (厳密には月と地球の質量中心) の周りを 27 日 7 時間 43.2 分で公転運動している．月と地球の距離は 3.84×10^8 m，月の質量は 7.35×10^{22} kg である．
1) 月の公転軌道を円軌道と仮定して月に働く向心力の大きさを求めよ．
2) この向心力は地球の重力によるものだが，月の中心における重力加速度は地球表面における重力加速度 $g = 9.80\,\mathrm{m\,s^{-2}}$ の何倍か．

3.8 長さが l で，バネ定数が k_1 と k_2 のバネを並列につないだ．2 本のバネを 1 本のバネとみなしたときのバネ定数 (相当バネ定数) を k とすると，$k = k_1 + k_2$ となることを示せ．

4
慣 性 力

これまで議論してきた運動は，観測者自身が静止した座標系に乗っていることを前提としていた．正確に表現するなら，観測者は静止した座標系から物体の運動を観察していた．それでは観測者が運動する座標系に乗っていると，運動はどのように見えるのだろうか．また運動方程式はそのままの形で成り立つのだろうか，あるいは何らかの変形を加えねばならないのだろうか．この章ではこれらの疑問に答えるために，運動する座標系における運動方程式について考察しよう．

4.1 相対運動

速度 $\vec{V_0}$ で移動する座標系上の観測者から，静止した座標系上で速度 $\vec{V}$ で移動する物体の運動はどのように見えるだろう．観測者は自分自身を基準として物体の運動を観察しているので，その運動は速度 $\vec{V} - \vec{V_0}$ で移動しているように見える．この運動を相対運動という．たとえば，時速 300 km で直線の線路上を走行する新幹線の窓から見える景色は，乗客からは時速 300 km で後方に飛び去っていくように見える．

問1 観測者は東西に伸びる直線道路を時速 50 km で東向きに走行する自動車に乗車している．南北に伸びる直線道路を時速 50 km で北向きに走行する自動車は，観測者から見るとどの方向にどのくらいの速さで走行しているように見えるか．

4.2 慣性系と非慣性系

4.2.1 慣性系

宇宙空間に静止する点を原点とする座標系を絶対静止系という．ニュートンの運動方程式は絶対静止系において成り立つ．絶対静止系に対して等速度 $\vec{V_0}$ で運動する座標系を慣性系という．絶対静止系における位置ベクトルを $\vec{r}$，慣性系に

4.2 慣性系と非慣性系

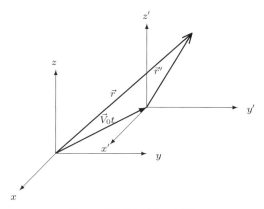

図 4.1 慣性系とガリレイ変換

おける位置ベクトルを $\vec{r}'$，慣性系の原点の初期位置ベクトルを $\vec{r}_0$ とすると，両者の間には，

$$\vec{r} = \vec{r}_0 + \vec{r}' + \vec{V}_0 t \tag{4.1}$$

という関係が成り立つ．この座標変換をガリレイ変換[*1)]という．

式 (4.1) の両辺を t で微分すると，$\vec{V}_0$ は大きさも向きも時間に依存しないので，

$$\frac{d\vec{r}}{dt} = \frac{d\vec{r}'}{dt} + \vec{V}_0 \tag{4.2}$$

式 (4.2) の両辺をさらに t で微分すると，

$$\frac{d^2\vec{r}}{dt^2} = \frac{d^2\vec{r}'}{dt^2} \tag{4.3}$$

すなわち，2 つの系における加速度は等しい．したがって，力が速度によらなければ[*2)]，運動方程式は慣性系においても成り立つ．あるいは，"運動方程式はガリレイ変換に対して不変である" といえる．

[*1)] 天動説を信じる人々は，高い塔の上から石を落とした時，石は塔の下に落ちることを，地球が公転していない根拠と考えた．これに対してガリレオ・ガリレイは航行する帆船のマストから鳥の卵が落ちるとき，卵はマストの下に落ちるという事実を挙げて反論した．
[*2)] 流体中を運動する物体に働く抗力は，速さや速さの 2 乗に比例する．このような力が働く運動を記述する運動方程式はガリレイ変換に対して不変ではない．

4.2.2 非慣性系

絶対静止系に対して加速度 $\vec{\alpha}$ で運動を行う座標系を非慣性系という．非慣性系の絶対静止系に対する速度を $\vec{V_0}$，絶対静止系から見た物体の速度を $\vec{v}$，非慣性系から見た物体の速度を $\vec{v}'$ とすると，

$$\vec{v} = \vec{V_0} + \vec{v}' \tag{4.4}$$

$$\vec{V_0} = \vec{V_0}(0) + \int_0^t \vec{\alpha} dt \tag{4.5}$$

ここで，$\vec{V_0}(0)$ は $t=0$ における非慣性系の速度である．式 (4.4) を時間について微分すると，

$$\frac{d\vec{v}}{dt} = \frac{d\vec{v}'}{dt} + \vec{\alpha} \tag{4.6}$$

非慣性系における運動方程式は，

$$m\frac{d\vec{v}'}{dt} = m\frac{d\vec{v}}{dt} - m\vec{\alpha}$$

$$\therefore \quad m\frac{d\vec{v}'}{dt} = \sum_{i=1}^n \vec{F_i} - m\vec{\alpha} \tag{4.7}$$

式 (4.7) から，絶対静止系に対して加速度運動をする非慣性系において，運動方程式は真の力に慣性力 (見かけの力) $-m\vec{\alpha}$ を付け加えることによって成り立つ．

> **例 1：** エレベーターが重力加速度 $\vec{g}$ で降下している．エレベーターに乗っている人が，手にもったリンゴを静かに手放したら，リンゴの運動はどのように見えるだろう (図 4.2)．地上にいる観測者からは，エレベーターに乗っている人もリンゴも，重力加速度 $\vec{g}$ で落下しているように見える．しかし，エレベーターに乗っている人からはリンゴは静止しているように見える．このリンゴの運動について運動方程式が成り立つためには，リンゴに $-m\vec{g}$ という慣性力 (見かけの力) を加えてやらねばならない．この例では地球は絶対静止系ではないが，エレベーターが降下する間に地球自転が運動に及ぼす影響は無視できるので，地球を近似的に慣性系とみなしてさしつかえない．

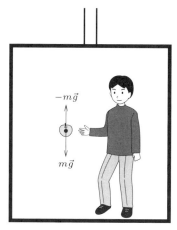

図 4.2 非慣性系と慣性力 (見かけの力)

4.3 等角速度で回転する系における慣性力

一定の角速度 $\vec{\Omega}$ で回転する系を考える．任意のベクトル $\vec{A}$ を慣性系のデカルト座標で表すと，

$$\vec{A} = A_x \hat{\imath} + A_y \hat{\jmath} + A_z \hat{k} \tag{4.8}$$

となる．ここで，$(\hat{\imath}, \hat{\jmath}, \hat{k})$ は慣性系における基本ベクトルである．次に回転系上のデカルト座標で表すと，

$$\vec{A} = A'_x \hat{\imath}' + A'_y \hat{\jmath}' + A'_z \hat{k}' \tag{4.9}$$

ここで，$(\hat{\imath}', \hat{\jmath}', \hat{k}')$ は回転系における基本ベクトルである．慣性系における $\vec{A}$ の時間微分は添え字 a をつけて表し，

$$\begin{aligned}\frac{d_a \vec{A}}{dt} &= \hat{\imath}\frac{d_a A_x}{dt} + \hat{\jmath}\frac{d_a A_y}{dt} + \hat{k}\frac{d_a A_z}{dt} \\ &= \hat{\imath}'\frac{dA'_x}{dt} + \hat{\jmath}'\frac{dA'_y}{dt} + \hat{k}'\frac{dA'_z}{dt} + \frac{d\hat{\imath}'}{dt}A'_x + \frac{d\hat{\jmath}'}{dt}A'_y + \frac{d\hat{k}'}{dt}A'_z\end{aligned} \tag{4.10}$$

となる．ここで，

$$\frac{d\vec{A}}{dt} = \hat{\imath}'\frac{dA'_x}{dt} + \hat{\jmath}'\frac{dA'_y}{dt} + \hat{k}'\frac{dA'_z}{dt} \tag{4.11}$$

であり，かつ，
$$\frac{d\hat{i}'}{dt} = \vec{\Omega} \times \hat{i}', \quad \frac{d\hat{j}'}{dt} = \vec{\Omega} \times \hat{j}', \quad \frac{d\hat{k}'}{dt} = \vec{\Omega} \times \hat{k}' \tag{4.12}$$
なので，
$$\frac{d_a\vec{A}}{dt} = \frac{d\vec{A}}{dt} + \vec{\Omega} \times \vec{A} \tag{4.13}$$
となる．式 (4.13) で $\vec{A}$ を $\vec{r}$ とおくと，
$$\frac{d_a\vec{r}}{dt} = \frac{d\vec{r}}{dt} + \vec{\Omega} \times \vec{r}$$
$$\vec{v}_a = \vec{v} + \vec{\Omega} \times \vec{r} \tag{4.14}$$
をえる．式 (4.13) で $\vec{A}$ を $\vec{v}_a$ とおくと，
$$\frac{d_a\vec{v}_a}{dt} = \frac{d\vec{v}_a}{dt} + \vec{\Omega} \times \vec{v}_a \tag{4.15}$$
となる．式 (4.14) を式 (4.15) に代入すると，
$$\frac{d_a\vec{v}_a}{dt} = \frac{d}{dt}(\vec{v} + \vec{\Omega} \times \vec{r}) + \vec{\Omega} \times (\vec{v} + \vec{\Omega} \times \vec{r})$$
$$= \frac{d\vec{v}}{dt} + 2\vec{\Omega} \times \vec{v} - \Omega^2 \vec{R} \tag{4.16}$$
となる．式の変形過程で次のベクトル恒等式を用いた．
$$\vec{\Omega} \times (\vec{\Omega} \times \vec{r}) = \vec{\Omega} \times (\vec{\Omega} \times \vec{R}) = -\Omega^2 \vec{R}$$
$\vec{R}$ は，大きさが回転軸から質点までの距離で，向きが回転軸に垂直で外向きのベクトルである．慣性系における運動方程式，
$$m\frac{d_a\vec{v}_a}{dt} = \sum_{i=1}^{n} \vec{F}_i \tag{4.17}$$
に式 (4.16) を代入すると，回転系における運動方程式をえる．
$$m\frac{d\vec{v}}{dt} = m\frac{d_a\vec{v}_a}{dt} - 2m\vec{\Omega} \times \vec{v} + m\Omega^2 \vec{R}$$
$$= \sum_{i=1}^{n} \vec{F}_i - 2m\vec{\Omega} \times \vec{v} + m\Omega^2 \vec{R} \tag{4.18}$$

式 (4.18) の右辺第 2 項と第 3 項は，回転系における慣性力で，前者をコリオリ力，後者を遠心力という．遠心力は回転系上のすべての物体に働くのに対して，コリオリ力は運動している物体にのみ働く．コリオリ力は，北半球においては運動方向に垂直かつ右向きに働く．

4.3.1 コリオリ力

コリオリ力を緯度 θ の点に固定したデカルト座標の x, y, z 成分に分ける．このとき，x, y, z 座標の正方向をそれぞれ東，北，鉛直上方にとる．コリオリ力 $\vec{F}_{\mathrm{Co}}$ は，

$$\vec{F}_{\mathrm{Co}} = -2m\vec{\Omega} \times \vec{v} = -2m \begin{vmatrix} \hat{i} & \hat{j} & \hat{k} \\ 0 & \Omega\cos\theta & \Omega\sin\theta \\ u & v & w \end{vmatrix}$$

$$= \hat{i}(2mv\Omega\sin\theta - 2mw\Omega\cos\theta) + \hat{j}(-2mu\Omega\sin\theta) + \hat{k}(2mu\Omega\cos\theta) \quad (4.19)$$

となる．水平運動に働くコリオリ力は，その地点の回転角速度の鉛直成分に比例する．比例係数 $f = 2\Omega\sin\theta$ をコリオリパラメータと呼ぶ．

> **例2：無重力状態（無重量状態）** 近年，スペースシャトルやソユーズの船内の様子が実況中継されるようになった．乗組員たちが船内を遊泳し，水が空中で表面張力によって球形をなしている様子を目にする．船内ではあたかも地球の重力が働いていないかのように見え，これを無重力状態と呼んでいる．しかしこの状態は，船内の物体には依然として重力が働いており，重力と同じ大きさで向きが逆の遠心力が働いているため，合力が0となっているにすぎない．無重力状態はジェット旅客機の放物運動によっても実現できる．NASAはスペースシャトル乗組員の訓練のため，短時間ではあるがこの方法によって無重力状態を作り出している．例1の降下するエレベータ内でも，慣性力が重力とつり合い無重力状態になっている．

4.3.2 フーコー振子

1851年1月，フランスの物理学者レオン・フーコーはパリのパンテオンの大ドームで，長さ 67 m のワイヤーの先端に重さ 28 kg のおもりを取り付けた単振子を振らせた (図 4.3)．振子の振動面は絶対静止系に対して不変なので，振動面はゆっくり時計回りに回転する様子が観察された (南半球では反時計回りに回転する)．フーコーはこの実験によって，地球が自転していることを如実に示した．実験に用いられた振子は，今もパリのメチエ博物館に保管されている．

次にフーコー振子の振動面が1周するのに要する時間を求めよう．振子を設置している緯度を北緯 θ とすると，地球自転の角速度の鉛直成分は $\Omega\sin\theta$ となる．単振子の長さを l，おもりの質量を m，振子が鉛直軸となす角を ϕ とする．振動

図 4.3　フーコー振子

方向を x 座標，鉛直上向きに z 座標，x 座標，z 座標と右手系をなすように y 座標をとる．微小振動を考えるので，$x \cong l\phi$ と近似すると x 方向，y 方向の運動方程式は，

$$m\frac{d^2x}{dt^2} = -mg\frac{x}{l} + 2m\Omega \sin\theta \frac{dy}{dt} \tag{4.20}$$

$$m\frac{d^2y}{dt^2} = -mg\frac{y}{l} - 2m\Omega \sin\theta \frac{dx}{dt} \tag{4.21}$$

となる．式 (4.20)，(4.21) の両辺を m で割り，$\omega^2 = \frac{g}{l}$ とおくと，

$$\frac{d^2x}{dt^2} = -\omega^2 x + 2\Omega \sin\theta \frac{dy}{dt} \tag{4.22}$$

$$\frac{d^2y}{dt^2} = -\omega^2 y - 2\Omega \sin\theta \frac{dx}{dt} \tag{4.23}$$

をえる．座標系 (x,y,z) を z 軸の周りに角 α 回転した座標系を (X,Y,Z) とし．かつ $(\frac{d\alpha}{dt} = \text{一定})$ とする．2 つの座標系の変換関係は，

$$x = \cos\alpha X + \sin\alpha Y \tag{4.24}$$

$$y = -\sin\alpha X + \cos\alpha Y \tag{4.25}$$

式 (4.22)，(4.23) を逆変換とすると，

$$X = \cos\alpha x - \sin\alpha y \tag{4.26}$$

レオン・フーコー
Léon Foucault
【1819-1868】

　1819 年パリに生まれた．スタニスラス大学に入学したが病弱だったため大学に通えず家庭教師に師事した．医者を志したが，物理学者アルマン・フィゾー（1819-1896）と出会い物理学に興味を覚え，物理学の勉強をはじめた．鋭い観察眼と洞察力をもち，併せて実験装置の製作に秀でた才能をもっていたため，多くの科学的業績を残した．1845 年フィゾーと共同で太陽表面の詳細な写真撮影に成功した．この仕事が後のいくつかの重要な研究の礎となったと思われる．第 1 は，フィゾーとともにはじめた光速の測定である．やがて 2 人は個々に研究を続け，フィゾーは 1849 年に 313,000 km s^{-1} という値をえた．一方，フーコーは 1862 年，298,000 km s^{-1} という測定値をえた．この値は現在知られている光速と誤差がわずか 0.6% という驚くべき精度である．第 2 は太陽表面を撮影するカメラを太陽の動きに同期して回転させるための装置の一部である振子が，カメラの回転にもかかわらず一定の振動面を保つということから着想をえた，フーコー振子の実験である．彼は 1851 年 1 月，パリのパンテオンの大ドームでフーコー振子の実験を行った．第 3 は第 1 の研究と重なるが，太陽の反射光が入射光と干渉を起こしていることから光の波動性に気づき，水中と空気中の光速の違いから光の波動性を証明した研究である．第 4 は反射望遠鏡の製作法の確立である．1857 年に反射望遠鏡の表面形状を精密に検査する 3 つの方法を発表した．フーコーテストと呼ばれるこの方法は，現在も凹面鏡の簡易検査法として世界中で用いられている．1864 年，自らも口径 80 cm の凹面鏡を製作した．この凹面鏡は 1873 年に建設されたマルセイユ天文台の反射望遠鏡の主鏡として使用された．1855 年には，強い磁場中で回転する銅板に渦電流（フーコー電流）が発生することを発見した．この業績により英国王立協会からコプリ・メダルが，皇帝ナポレオンIII世からレジオンドヌール勲章が授与された．

$$Y = \sin\alpha x + \cos\alpha y \tag{4.27}$$

式 (4.26), (4.27) を t に関して 2 階微分する. このとき $\frac{d\alpha}{dt}$ は Ω と同じオーダーなので α の 2 次の項は無視する.

$$\cos\alpha \frac{d^2 X}{dt^2} + \sin\alpha \frac{d^2 Y}{dt^2} = \frac{d^2 x}{dt^2} - 2\frac{dy}{dt}\frac{d\alpha}{dt} \tag{4.28}$$

$$-\sin\alpha \frac{d^2 X}{dt^2} + \cos\alpha \frac{d^2 Y}{dt^2} = \frac{d^2 y}{dt^2} + 2\frac{dy}{dt}\frac{d\alpha}{dt} \tag{4.29}$$

式 (4.22), (4.23) と式 (4.28), (4.29) を比較して,

$$\frac{d\alpha}{dt} = \Omega \sin\theta \tag{4.30}$$

とおくと, 式 (4.28), (4.29) は,

$$\cos\alpha \frac{d^2 X}{dt^2} + \sin\alpha \frac{d^2 Y}{dt^2} = -\omega^2 (\cos\alpha X + \sin\alpha Y) \tag{4.31}$$

$$-\sin\alpha \frac{d^2 X}{dt^2} + \cos\alpha \frac{d^2 Y}{dt^2} = -\omega^2 (-\sin\alpha X + \cos\alpha Y) \tag{4.32}$$

となる. $\cos\alpha \times$ (式 (4.31)) $- \sin\alpha \times$ (式 (4.32)) を求めると,

$$\frac{d^2 X}{dt^2} = -\omega^2 X \tag{4.33}$$

となる. 次に $\sin\alpha \times$ (式 (4.31)) $+ \cos\alpha \times$ (式 (4.32)) を求めると,

$$\frac{d^2 Y}{dt^2} = -\omega^2 Y \tag{4.34}$$

となる. $t = 0$ で 2 つの座標系は一致 ($\alpha = 0$) しており, かつ

$$x = 0, \qquad \frac{dx}{dt} = 0, \qquad y = a, \qquad \frac{dy}{dt} = 0 \tag{4.35}$$

とする. 式 (4.26), (4.27) を用いて X, Y に関する初期条件に変換すると,

$$X = 0, \qquad \frac{dX}{dt} = -a\Omega \sin\theta, \qquad Y = a, \qquad \frac{dY}{dt} = 0 \tag{4.36}$$

初期条件 (4.36) のもと, 式 (4.33), (4.34) を解くと,

$$X = -\frac{\Omega \sin\theta}{\omega} a \sin\omega t \tag{4.37}$$

$$Y = a \cos\omega t \tag{4.38}$$

をえる. 式 (4.37), (4.38) からおもりの軌跡を求めると,

$$\frac{X^2}{(a\frac{\Omega \sin\theta}{\omega})^2} + \frac{Y^2}{a^2} = 1 \tag{4.39}$$

となる．すなわち，フーコー振子は楕円軌道を描きながら，1周期の平均振動面は角速度 $\Omega \sin\phi$ で回転することがわかる．したがって，フーコー振子が1回転するのに要する時間 T_F(1 フーコー振子日 [*3]) は，

$$T_\mathrm{F} = \frac{2\pi}{\Omega \sin\theta} \tag{4.40}$$

で与えられる．フーコー振子日は両極で1恒星日，赤道で無限大となる．

演 習 問 題

4.1 フーコーが，1851年1月パリのパンテオンの大ドームで実験を行ったときに用いた振子の長さは 67.0 m だった．振子の周期は何秒か．ただし，重力加速度の大きさを $9.80\,\mathrm{m\,s^{-2}}$ とせよ．

4.2 パリ (北緯 48 度 51 分 44 秒) におけるフーコー振子日を求めよ．

4.3 東京スカイツリー (北緯 45 度) の展望回廊 (地上 4.50×10^2 m) から静かに鉄球を落とした．鉄球は落下開始位置の直下からどの方向にどのくらいずれるか．空気抵抗と風の影響は無視し，重力加速度の大きさを $9.80\,\mathrm{m\,s^{-2}}$ とせよ．

4.4 種子島宇宙センター (北緯 30.40 度) から H–II ロケットを真東に向けて発射した．ロケットは水平距離 5.00×10^3 km 飛んで太平洋に落下した．ロケットの落下地点は発射地点の真東から南北どちらの方向に何 km ずれるか．ただし，飛行中のロケットの平均水平速度を $1.00 \times 10^3\,\mathrm{m\,s^{-1}}$ とせよ．

[*3] 海洋にはコリオリ力によって引き起こされる慣性振動と呼ばれる等速円運動が存在する．この運動の振動周期はフーコー振子日の $\frac{1}{2}$ である．

5
仕事とエネルギー

この章ではニュートンの運動方程式の第1の変形を行う．えられる方程式は質点のもつ運動エネルギーの変化率と外力が質点になした仕事との関係を与え，エネルギー方程式と呼ばれる．対象とする問題によっては，ニュートンの運動方程式を用いるよりも，エネルギー方程式を用いたほうがはるかに容易に解くことができる．

5.1 運動方程式の変形

質量が時間変化しない場合の運動方程式は，
$$m\frac{d\vec{v}}{dt} = \vec{F} \tag{5.1}$$
である．式 (5.1) に $\vec{v}$ をスカラー積すると，
$$m\vec{v}\cdot\frac{d\vec{v}}{dt} = \vec{v}\cdot\vec{F} = \frac{d\vec{r}}{dt}\cdot\vec{F}$$
$$\therefore \quad \frac{d}{dt}\left(\frac{1}{2}mv^2\right) = \frac{dK}{dt} = \frac{d\vec{r}}{dt}\cdot\vec{F} \tag{5.2}$$
をえる．$K = \frac{1}{2}mv^2$ を運動エネルギーという．

式 (5.2) を力 $\vec{F}$ が一定とみなせるほどの短い時間間隔 δt にわたって積分すると，
$$K(t+\delta t) - K(t) = \vec{F}\cdot\int_t^{t+\delta t}\frac{d\vec{r}}{dt}dt$$
$$\delta K = \vec{F}\cdot\delta\vec{r} = \delta W \tag{5.3}$$
力と変位の内積を仕事 W という．式 (5.3) を点 $1\,(\vec{r}_1)$ から点 $2\,(\vec{r}_2)$ まで積分すると，
$$K_2 - K_1 = \int_1^2 \vec{F}\cdot d\vec{r} = W_{21} \tag{5.4}$$

W_{21} は質点を点1から点2に移動させたときの仕事である．式 (5.4) は質点に対して外力がなした仕事の分だけ質点の運動エネルギーが増加することを示す．物理学では質点に力を及ぼしても力の向きに変位しなければ，その力がなした仕事は0である．質点に力が作用しないか作用しても力の向きと運動の向きが直交していれば，力のなした仕事は0であり質点のもつ運動エネルギーは保存される．

例題 1 式 (5.4) を用いて，質量 m の質点が鉛直下方に y 落下したとき，質点が落下する速さを求めよ．ただし，重力加速度の大きさを g とせよ．

解 質点を落とした位置を原点とし，鉛直下方に y 軸をとり，y における質点の落下する速さを v とする．座標原点から y 落下するまでに重力のなした仕事は，
$$W = \int_0^y mg\,dy = mgy$$
この仕事が質点の運動エネルギーの変化に等しいので，
$$\frac{1}{2}mv^2 - 0 = mgy$$
$$\therefore \quad v = \sqrt{2gy}$$

問 1 角速度 $\vec{\Omega}$ で回転する系上で，質量 m の質点が速度 $\vec{v}$ で運動している．コリオリ力のなす仕事を求めよ．

5.2 保存力と位置エネルギー

質点が点1から点2に移動するとき，質点に働く力がなす仕事が移動経路によらず2点の位置座標だけで決まる場合，その力を保存力という．一定の大きさの重力が働く空間で質点を静かに落としても，斜め下方に投げ下ろしても重力のなす仕事は鉛直方向の落下距離だけで決まる．したがって重力は保存力である．保存力の例としては，万有引力[*1]，クーロン力，弾性力などがある．

保存力が働く空間で，質点に保存力と同じ大きさで向きが反対の力を加えて点1から点2まで移動させる．すると質点が点2から点1まで移動するとき，力がなした仕事の分だけ保存力は質点に対して仕事をすることが可能である．保存力がなすことが可能な仕事を，位置エネルギーあるいはポテンシャルエネルギーとい

[*1] 重力と万有引力は同義だが，ここでは重力は地表付近の万有引力の近似であり，高さによらず一定の値をもつ力とする．

う．位置エネルギーの基準点は任意である．したがって，力学的に意味があるのは 2 点間の位置エネルギーの差である．

質量 m の質点を保存力 $\vec{F}$ に抗して点 1 から点 2 まで移動させる．点 1 における位置エネルギーを U_1，点 2 における位置エネルギーを U_2，保存力に抗して点 1 から点 2 まで質点を移動させるのに要する仕事を W_{21} とすると，

$$U_2 - U_1 = W_{21} = -\int_1^2 \vec{F} \cdot d\vec{r} \tag{5.5}$$

という関係が成り立つ．移動経路に沿う U の勾配は $\vec{\nabla} U$ で与えられるので，

$$U_2 - U_1 = \int_1^2 \vec{\nabla} U \cdot d\vec{r} \tag{5.6}$$

となる．式 (5.5), (5.6) より，

$$\int_1^2 \vec{\nabla} U \cdot d\vec{r} = -\int_1^2 \vec{F} \cdot d\vec{r}$$
$$\therefore \quad \vec{F} = -\vec{\nabla} U \tag{5.7}$$

式 (5.7) を成分に分けて記述すると，

$$F_x = -\frac{\partial U}{\partial x}, \quad F_y = -\frac{\partial U}{\partial y}, \quad F_z = -\frac{\partial U}{\partial z} \tag{5.8}$$

問 2 水平面と θ の角度をなす摩擦のない斜面上に質量 m の物体がある．重力に抗して物体を一定の速さで l だけ引き上げた．物体になした仕事を求めよ．ただし，重力加速度の大きさを g とせよ．

例題 2 内径 a の滑らかな半球の中心を O，最下点を Q とする．鉛直線 OQ と Θ の角をなす点 R に質量 m の質点を保持しておく．静かに手を放したとき，質点が点 R から点 Q に移動する間に重力がなした仕事を求めよ．次に最下点 Q における質点の速さを求めよ．ただし，重力加速度の大きさを g とせよ．

解 半球上の任意の点 P が鉛直線 OQ となす角を θ とすると，球面に沿う重力の成分は $mg\sin\theta$ となる．また球面における重力の接線方向の線素は $-ad\theta$（負号は球面に沿う重力の向きと θ の増える方向が反対のため）なので，重力のなす仕事は，

$$W = -\int_\Theta^0 mg\sin\theta \, a d\theta$$
$$= mga\left[\cos\theta\right]_\Theta^0 = mga(1 - \cos\Theta)$$

となり，点 R の位置から質点が鉛直下方に落下したときに重力がなした仕事と等しい．次に最下点 Q における質点の速さは，

$$\frac{1}{2}mv^2 - 0 = mga(1 - \cos\Theta)$$
$$\therefore \quad v = \sqrt{2ag(1 - \cos\Theta)}$$

問 3 地上から h の高さにある質量 m の質点が有する位置エネルギーを求めよ．ただし，位置エネルギーの基準点を地表とし，重力加速度の大きさを g とせよ．

5.3 弾性体のもつ位置エネルギー

滑らかな水平面上で，フックの法則に従うバネ定数 k のバネの先端に質量 m の質点を取り付け他端を固定する．質点に力を加え弾性力に抗して自然長から x 引き伸ばすのに必要な仕事は，

$$W = \int_0^x kx dx = \frac{1}{2}kx^2 \tag{5.9}$$

したがって，自然長 l から x 引き延ばしたバネは自然長における位置エネルギーを基準とすると，

$$U = \frac{1}{2}kx^2 \tag{5.10}$$

の位置エネルギーを有する．位置エネルギーから式 (5.8) を用いて弾性力を求めると，

$$F_x = -\frac{\partial U}{\partial x} = -kx \tag{5.11}$$

となる．

5.4 力学的エネルギー保存則

質点に働く力が保存力の場合，運動方程式の積分形 (5.4) は式 (5.5) を用いると，

$$K_2 - K_1 = \int_1^2 \vec{F} \cdot d\vec{r} = -(U_2 - U_1)$$
$$U_1 + K_1 = U_2 + K_2 \tag{5.12}$$

$E = U + K$ を力学的エネルギーという．式 (5.12) から"働く力が保存力の場合，

力学的エネルギーは一定である". これを力学的エネルギー保存則という.

例題 3 質量 m の質点を初速 v_0 で鉛直下方に投げ下ろした. 下方に h 落下した時の落下速度を求めよ. ただし, 重力加速度の大きさを g とせよ.

解 鉛直上方に y 軸をとり, 質点を投げ下ろした点を原点にとる. $y = 0$ における力学的エネルギー則と $y = -h$ における力学的エネルギーは等しいので,

$$\frac{1}{2}mv_0^2 + 0 = \frac{1}{2}mv^2 - mgh$$

$$\therefore v = \sqrt{v_0^2 + 2gh}$$

5.5 エネルギーと仕事の単位

物体に $1\,\mathrm{N}$ の力を作用させ, 力の方向に $1\,\mathrm{m}$ 移動させたときの仕事を $1\,\mathrm{J}\,(\mathrm{Joule})$ と定める. 仕事やエネルギーの単位はイギリスの物理学者ジェームス・ジュールにちなんで定められた. 仕事の単位と SI 基本単位系の関係は仕事の定義式から求められる.

$$[W] = [Fs] = \left[m\frac{d^2x}{dt^2}s \right]$$
$$= [\mathrm{kg\,m\,s^{-2}\,m}] = [\mathrm{J}]$$

となる. 次に仕事の時間変化を仕事率といい,

$$P = \frac{dW}{dt} \tag{5.13}$$

で与えられる. 仕事率の単位は,

$$[P] = [\mathrm{J\,s^{-1}}] = [\mathrm{W\,(Watt)}]$$

といい, 蒸気機関の研究者ジェームス・ワット (1736-1819) にちなんで名づけられた.

問 4 質量 $1.0\,\mathrm{kg}$ の物体が速さ $1.0\,\mathrm{m\,s^{-1}}$ で等速度運動をしている. 物体が有する運動エネルギーを求めよ.

5.6 熱の仕事等量

イギリスの物理学者ジェームス・ジュールは，電気エネルギーが熱を発生する実験を行い，1840年に熱量は電気抵抗と電流の2乗に比例するという関係(ジュールの法則)を英国王立協会で発表した．その後ジュールは，力学的エネルギーと熱量の関係を研究し，1845年には中心軸の周りを回転する羽根車を備えた断熱容器の中に水を満たし，羽根車を回す力学的エネルギーが算出できるように，羽根

ジェームス・ジュール
James Joule
【1818-1889】

イギリスの物理学者．1818年マンチェスター郊外サルフォードに生まれる．病弱であったため学校教育を受けず，自宅で家庭教師から教育を受けた．生涯大学などの公職には就かず，家業の醸造所を経営しながら自費で研究を続けた．1840年導線に電流を流すと，電流の2乗に比例する熱量が発生するというジュールの法則を発表した．1845年には断熱容器の中を水で満たし，その中で羽根車を回転させることによって上昇した水温を測定し，力学的エネルギーが熱エネルギーに変換されることを示した．1852年にはウィリアム・トムソン (1824-1907) と共同で研究を行い，気体が自由膨張すると温度が下がることを確認した（ジュール-トムソン効果）．このようにエネルギー保存則（熱力学第1法則）の発見，ジュール熱の発見，熱の仕事当量の測定など，熱力学の分野で多大な貢献をした．これらの業績が認められて1870年には英国王立協会からコプリ・メダルを授与され，1872年には英国科学振興会の会長に選ばれた．また，エネルギーの単位として物理学史にその名を刻した．

車をおもりの上下運動で回転させて水温の上昇を計測した．その結果，力学的エネルギーと熱量の間には一定の変換関係があることを発見した．

$$E = JQ \tag{5.14}$$

ここで，E [J] は力学的エネルギー，Q [cal] は熱量であり，$J = 4.1855$ [J cal^{-1}] は熱の仕事当量と呼ばれる．これらの一連の研究を通して，ジュールは力学的エネルギーのみならず，熱エネルギー，電気エネルギーの総量が保存するという"エネルギー保存則"を発見した．

演 習 問 題

5.1 滑らかな水平面上で，フックの法則に従うバネ定数 k のバネの先端に質量 m の質点を取り付け他端を固定する．質点に力を加えて自然長から x 縮めたときバネが有する位置エネルギーを求めよ．また，位置エネルギーと力の関係式から弾性力を求めよ．ただし自然長における質点の位置を x 軸の原点とし，かつ位置エネルギーの基準点とせよ．

5.2 糸の長さ l，質点の質量 m の単振子がある．糸が鉛直方向と θ_0 の角度をなすまで質点を引っ張り静かに手を放した．最下点における質点の速さを求めよ．ただし，重力加速度の大きさを g とせよ．

5.3 高さ 90.0 m の塔の上から静かに鉄球を落とした．鉄球が地面に衝突する直前の速さを求めよ．ただし，空気抵抗は無視し，重力加速度の大きさを $9.80\,\mathrm{m\,s^{-2}}$ とせよ．

5.4 質量 m の質点を初速 V_0，仰角 θ で射出した．質点の最高到達高度を求めよ．ただし，重力加速度の大きさを g とせよ．

5.5 乗員を含む質量が 1.50×10^3 kg の自動車が，直線上を時速 50.0 km で走行していた．ブレーキをかけたところ 50.0 m 走って静止した．ブレーキをかけはじめてから駆動力は 0 となり，摩擦力は一定としてその大きさを求めよ．また，運動摩擦係数はいくらか．ただし，重力加速度の大きさを $9.80\,\mathrm{m\,s^{-2}}$ とせよ．

5.6 内径 a の球殻の最下点に質量 m の質点をおく．初速 V_0 で質点を弾いたとき，質点が球面を離れることなく元の位置に戻ってくるための条件を求めよ．ただし，球面は滑らかで，重力加速度の大きさを g とせよ．

5.7 半径 a の滑らかな球の頂点 T に質量 m の質点をおく．質点にわずかな変位を与えると質点は滑り出し点 P で球面から離れた．球の中心を O として $\angle \mathrm{TOP} = \theta$ を求めよ．ただし，重力加速度の大きさを g とせよ．

6

振　　　動

簡単な振動の問題は第 3 章で論じたが，この章では少し複雑な減衰振動，強制振動，連成振動などを取り扱う．

6.1 減 衰 振 動

水平な板に幅と深さが一定のまっすぐな溝が穿ってある．溝の端にバネ定数 k，自然長 l_0 のバネを取り付け，バネの他端には幅が溝の幅とほぼ等しく，溝に沿って自由に動く質量 m の直方体をとりつける．溝に沿う方向に x 軸をとり，バネと直方体の接合点を x 軸の原点とする．溝の底面では物体に摩擦力が働き，その大きさは垂直抗力に比例する [*1]．物体に変位を与えた後静かに手を放すと物体は運動をはじめた．物体の運動に関する運動方程式は，

$$m\frac{d^2x}{dt^2} = -2m\gamma\frac{dx}{dt} - kx \tag{6.1}$$

となる．$\omega = \sqrt{\frac{k}{m}}$ とおくと式 (6.1) は，

$$\frac{d^2x}{dt^2} + 2\gamma\frac{dx}{dt} + \omega^2 x = 0 \tag{6.2}$$

指数解 $x \propto \exp(\lambda t)$ を仮定して式 (6.2) に代入すると，

$$\lambda^2 + 2\gamma\lambda + \omega^2 = 0$$
$$\therefore \quad \lambda = -\gamma \pm \sqrt{\gamma^2 - \omega^2} \tag{6.3}$$

ω と γ の大小関係で，式 (6.2) の解は次の 3 つの場合に分かれる．

[*1] 速さに比例する抗力の係数に質量 m が入るように設定したが，$m\gamma$ を抗力の係数と考えれば，抗力が質量に依存する必要はなく，以下の議論は一般に速さに比例する抗力が働く振動の問題に適用できる．

1) $\gamma > \omega$ の場合

式 (6.3) は2つの実根なので，式 (6.2) の特解は，

$$x \propto \exp\left(-\gamma + \sqrt{\gamma^2 - \omega^2}\right)t, \qquad x \propto \exp\left(-\gamma - \sqrt{\gamma^2 - \omega^2}\right)t$$

となり，式 (6.2) の一般解は，2つの特解の線形和で与えられる．

$$x = \exp(-\gamma t)\left\{\alpha \exp\left(\sqrt{\gamma^2 - \omega^2}t\right) + \beta \exp\left(-\sqrt{\gamma^2 - \omega^2}t\right)\right\} \quad (6.4)$$

初期条件として，$t = 0$ で

$$x = x_0, \qquad \frac{dx}{dt} = 0 \quad (6.5)$$

を与えると，

$$x = \frac{1}{2}x_0 \exp(-\gamma t)\left\{\left(1 + \frac{\gamma}{\sqrt{\gamma^2 - \omega^2}}\right) \exp\left(\sqrt{\gamma^2 - \omega^2}t\right)\right.$$
$$\left. + \left(1 - \frac{\gamma}{\sqrt{\gamma^2 - \omega^2}}\right) \exp\left(-\sqrt{\gamma^2 - \omega^2}t\right)\right\} \quad (6.6)$$

式 (6.6) から明らかなように，抗力が大きい場合 ($\gamma > \omega$) には振動することなく振幅が指数減衰する．このような振舞いを過減衰という．

2) $\gamma < \omega$ の場合

式 (6.3) は2つの複素根なので，式 (6.2) の特解は，

$$x \propto \exp(-\gamma t)\exp\left(\tilde{\imath}\sqrt{\omega^2 - \gamma^2}t\right), \qquad x \propto \exp(-\gamma t)\exp\left(-\tilde{\imath}\sqrt{\omega^2 - \gamma^2}t\right)$$

式 (6.2) の一般解は，2つの特解の線形和で与えられる．

$$x = \exp(-\gamma t)\left\{\alpha \exp\left(\tilde{\imath}\sqrt{\omega^2 - \gamma^2}t\right) + \beta \exp\left(-\tilde{\imath}\sqrt{\omega^2 - \gamma^2}t\right)\right\} \quad (6.7)$$

ここで α と β は複素数であり，

$$\alpha = \alpha_r + \tilde{\imath}\alpha_i, \qquad \beta = \beta_r + \tilde{\imath}\beta_i$$

式 (6.7) の実部をとり，項を整理すると，

$$\Re\{x\} = A\exp(-\gamma t)\cos\left(\sqrt{\omega^2 - \gamma^2}t - \phi\right) \quad (6.8)$$

ここで，

$$A = \sqrt{(\alpha_r + \beta_r)^2 + (\beta_i - \alpha_i)^2}, \qquad \phi = \tan^{-1}\left(\frac{\beta_i - \alpha_i}{\alpha_r + \beta_r}\right)$$

初期条件として,$t=0$ で

$$x = x_0, \qquad \frac{dx}{dt} = 0 \tag{6.9}$$

を与えると,

$$x = \frac{\omega x_0}{\sqrt{\omega^2 - \gamma^2}} \exp\left(-\gamma t\right) \cos\left(\sqrt{\omega^2 - \gamma^2}\, t - \tan^{-1}\frac{\sqrt{\omega^2 - \gamma^2}}{\gamma}\right) \tag{6.10}$$

となる.式 (6.10) は振幅が時間とともに指数減衰しながら振動する解であり,減衰振動と呼ばれる.

3) $\gamma = \omega$ の場合

式 (6.3) は重根となるので,式 (6.2) の特解の 1 つは,

$$x = \alpha \exp\left(-\gamma t\right) \tag{6.11}$$

である.次に,式 (6.2) のもう 1 つの特解を見つけねばならない.その方法として定数変化法を用いる.すなわち,特解 (6.11) の定数係数 α を時間の関数 $\alpha(t)$ とおき式 (6.2) に代入すると,α に関する 2 階常微分方程式をえる.

$$\frac{d^2\alpha}{dt^2} = 0$$
$$\therefore \quad \alpha = A' + Bt$$

よって,式 (6.2) のもう 1 つの特解は,

$$x = (A' + Bt) \exp\left(-\gamma t\right) \tag{6.12}$$

式 (6.2) の一般解は式 (6.11) と式 (6.12) の線形和で与えられる.

$$x = (A + Bt) \exp\left(-\gamma t\right) \tag{6.13}$$

初期条件として,$t=0$ で

$$x = x_0, \qquad \frac{dx}{dt} = 0 \tag{6.14}$$

を与えると,

$$x = x_0(1 + \gamma t) \exp\left(-\gamma t\right) \tag{6.15}$$

となる.

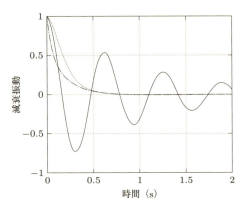

図 6.1 初期条件 $t = 0 : x = 1.0$, $\frac{dx}{dt} = 0$ を与えてえられた減衰振動の解. 実線は減衰振動 ($\omega = 10.0\,\mathrm{s}^{-1}, \gamma = 1.0\,\mathrm{s}^{-1}$), 1 点鎖線は過減衰 ($\omega = 10.0\,\mathrm{s}^{-1}, \gamma = 12.5\,\mathrm{s}^{-1}$), 点線は臨界減衰 ($\omega = \gamma = 10.0\,\mathrm{s}^{-1}$) を表す.

抗力が特別な条件を満たす場合 ($\gamma = \omega$) も振動は起こらず, その条件が過減衰と減衰振動を分かつので臨界減衰と呼ばれる. 減衰振動の応用例として, ドアを自動的に素早く閉ざすためのドア・ダンパーがある. 滑らかに, かつ素早くドアが閉まるよう, 臨界減衰の条件を満たすようにバネの強さが調整してある. 図 6.1 に 3 つの場合の解の振舞いを示す.

6.2 強制振動

6.2.1 抗力が働かない場合

固有角振動数 $\omega = \sqrt{\frac{k}{m}}$ のバネ振子に, 外部から角振動数 ω_0 の強制を加える. 運動を記述する方程式は,

$$m\frac{d^2x}{dt^2} + kx = mF_0 \cos\omega_0 t \tag{6.16}$$

となる. $\omega = \sqrt{\frac{k}{m}}$ とおき, 強制項を複素数で置き換える [*2].

$$\frac{d^2x}{dt^2} + \omega^2 x = F_0 \exp(\tilde{i}\omega_0 t) \tag{6.17}$$

[*2] こうして特解を求めるほうが積分がはるかに簡単になる. 複素解がえられるが, その実部をとれば求める解がえられる.

式 (6.17) の左辺は x に関して 1 次,右辺は x に関して 0 次なので 2 階非同次常微分方程式である.非同次微分方程式の一般解は,右辺の非同次項が 0 の同次方程式の一般解 (補関数) と非同次方程式の特解の和で与えられる.補関数はすでに式 (3.54) で求めたとおり,

$$x = x_0 \cos(\omega t - \phi) \tag{6.18}$$

である.次に特解を求める.微分演算子を,

$$D \equiv \frac{d}{dt}$$

とおくと,式 (6.17) は,

$$(D^2 + \omega^2)x = (D + \tilde{i}\omega)(D - \tilde{i}\omega) = F_0 \exp(\tilde{i}\omega_0 t) \tag{6.19}$$

となる.式 (6.19) の微分演算子を,

$$F(D) = (D^2 + \omega^2) = (D + \tilde{i}\omega)(D - \tilde{i}\omega) \tag{6.20}$$

とおく.微分演算子 $F(D)$ の逆演算子[*3] を $F(D)^{-1}$ と表し,式 (6.19) の左から作用させると,

$$F(D)^{-1}F(D)x = F(D)^{-1}F_0 \exp(\tilde{i}\omega_0 t)$$
$$x = \frac{1}{(D+\tilde{i}\omega)(D-\tilde{i}\omega)} F_0 \exp(\tilde{i}\omega_0 t) \tag{6.21}$$

ここで,

$$u \equiv \frac{1}{D - \tilde{i}\omega} F_0 \exp(\tilde{i}\omega_0 t)$$

とおき,左から $(D - \tilde{i}\omega)$ を作用させると,

$$\frac{du}{dt} - \tilde{i}\omega u = F_0 \exp(\tilde{i}\omega_0 t)$$

両辺に $\exp(-\tilde{i}\omega t)$ をかけて辺々積分する.

$$\frac{d}{dt}[u \exp(-\tilde{i}\omega t)] = F_0 \exp \tilde{i}(\omega_0 - \omega)t$$
$$u \exp(-\tilde{i}\omega t) = \frac{-\tilde{i}F_0}{\omega_0 - \omega} \exp \tilde{i}(\omega_0 - \omega)t$$

[*3] 逆演算子を定義したが形式的なものであり,実際に逆演算子を作用させることはない.

$$\therefore \quad u = \frac{-\tilde{i}F_0}{\omega_0 - \omega} \exp(\tilde{i}\omega_0 t) \tag{6.22}$$

式 (6.22) を式 (6.21) に代入すると,

$$x = \frac{1}{D + \tilde{i}\omega} u$$

左から $(D + \tilde{i}\omega)$ を作用させると,

$$\frac{dx}{dt} + \tilde{i}\omega x = u = \frac{-\tilde{i}F_0}{\omega_0 - \omega} \exp(\tilde{i}\omega_0 t) \tag{6.23}$$

両辺に $\exp(\tilde{i}\omega t)$ をかけて辺々積分する.

$$\frac{d}{dt}[x \exp(\tilde{i}\omega t)] = \frac{-\tilde{i}F_0}{\omega_0 - \omega} \exp \tilde{i}(\omega_0 + \omega)t$$

$$\therefore \quad x = \frac{-F_0}{\omega_0{}^2 - \omega^2} \exp(\tilde{i}\omega_0 t)$$

解の実部をとると,

$$\Re\{x\} = \frac{-F_0}{\omega_0{}^2 - \omega^2} \cos(\omega_0 t) \tag{6.24}$$

式 (6.17) の一般解は, 補関数 (6.18) と特解 (6.24) の和で与えられるので,

$$x = x_0 \cos(\omega t - \phi) - \frac{F_0}{\omega_0{}^2 - \omega^2} \cos(\omega_0 t) \tag{6.25}$$

となる. 外部から加える強制の角振動数 ω_0 が固有角振動数 ω と等しければ振幅は無限大に発散する. この状態を共鳴あるいは共振という. 抗力が働けば振幅は有限の範囲にとどまることを次の小節で示す.

6.2.2 速度に比例する抗力が働く場合

固有角振動数 ω のバネ振子に, 外部から角振動数 ω_0 の強制を加える. さらに, 振子には速度に比例する抗力が働くとする. 運動を記述する運動方程式は,

$$m\frac{d^2 x}{dt^2} + 2m\gamma \frac{dx}{dt} + kx = mF_0 \cos\omega_0 t \tag{6.26}$$

となる. 両辺を m で割り, $\omega = \sqrt{\frac{k}{m}}$ とおき, 強制項を複素関数で置き換えると,

$$\frac{d^2 x}{dt^2} + 2\gamma \frac{dx}{dt} + \omega^2 x = F_0 \exp(\tilde{i}\omega_0 t) \tag{6.27}$$

式 (6.27) の一般解は, 同次方程式の一般解 (補関数) と非同次方程式の特解の和

6.2 強制振動

である.補関数はすでに 6.1 節で求めたとおり ω と γ の大小関係で次の 3 つの場合に分かれる.

1) $\gamma > \omega$ の場合

補関数は式 (6.5) で与えられるので,特解を求める.微分演算子を,

$$D \equiv \frac{d}{dt}$$

とおくと,式 (6.27) は,

$$(D^2 + 2\gamma D + \omega^2)x = F_0 \exp(\tilde{i}\omega_0 t) \tag{6.28}$$

と表せる.式 (6.28) の微分演算子を,

$$F(D) = \left(D + \gamma + \sqrt{\gamma^2 - \omega^2}\right)\left(D + \gamma - \sqrt{\gamma^2 - \omega^2}\right) \tag{6.29}$$

とおく.微分演算子 $F(D)$ の逆演算子を $F(D)^{-1}$ と表し,式 (6.28) の左から作用させると,

$$F(D)^{-1} \cdot F(D)x = F(D)^{-1} F_0 \exp(\tilde{i}\omega_0 t)$$
$$x = \frac{1}{D + \gamma + \sqrt{\gamma^2 - \omega^2}} \frac{1}{D + \gamma - \sqrt{\gamma^2 - \omega^2}} F_0 \exp(\tilde{i}\omega_0 t) \tag{6.30}$$

ここで,

$$u = \frac{1}{D + \gamma - \sqrt{\gamma^2 - \omega^2}} F_0 \exp(\tilde{i}\omega_0 t)$$

とおき,左から $\left(D + \gamma - \sqrt{\gamma^2 - \omega^2}\right)$ を作用させると,

$$\frac{du}{dt} + \left(\gamma - \sqrt{\gamma^2 - \omega^2}\right) u = F_0 \exp(\tilde{i}\omega_0 t)$$

両辺に $\exp\left(\gamma - \sqrt{\gamma^2 - \omega^2}\right)t$ をかけて式を変形し,辺々積分すると,

$$u = \frac{F_0}{\gamma - \sqrt{\gamma^2 - \omega^2} + \tilde{i}\omega_0} \exp(\tilde{i}\omega_0 t) \tag{6.31}$$

式 (6.31) を式 (6.30) に代入すると,

$$x = \frac{1}{D + \gamma + \sqrt{\gamma^2 - \omega^2}} u$$

左から $\left(D+\gamma+\sqrt{\gamma^2-\omega^2}\right)$ を作用させる.

$$\frac{dx}{dt}+\left(\gamma+\sqrt{\gamma^2-\omega^2}\right)x=\frac{F_0}{\gamma-\sqrt{\gamma^2-\omega^2}+\tilde{i}\omega_0}\exp\left(\tilde{i}\omega_0 t\right) \quad (6.32)$$

両辺に $\exp\left(\gamma+\sqrt{\gamma^2-\omega^2}\right)t$ をかけて式を変形し,辺々積分すると,

$$\frac{d}{dt}\left[x\exp\left(\gamma+\sqrt{\gamma^2-\omega^2}\right)t\right]=\frac{F_0}{\gamma-\sqrt{\gamma^2-\omega^2}+\tilde{i}\omega_0}$$
$$\times \exp\left(\gamma+\sqrt{\gamma^2-\omega^2}+\tilde{i}\omega_0\right)t$$

$$\therefore \quad x=\frac{F_0}{\omega^2-\omega_0{}^2+2\tilde{i}\gamma\omega_0}\exp\left(\tilde{i}\omega_0 t\right)=\frac{F_0(\omega^2-\omega_0{}^2-2\tilde{i}\gamma\omega_0)}{(\omega^2-\omega_0{}^2)^2+4\gamma^2\omega_0{}^2}\exp\left(\tilde{i}\omega_0 t\right)$$

$$\Re\{x\}=\frac{F_0}{\sqrt{(\omega^2-\omega_0{}^2)^2+4\gamma^2\omega_0{}^2}}\cos\left(\omega_0 t+\phi'\right) \quad (6.33)$$

ここで,$\phi'=\tan^{-1}\left(\frac{2\gamma\omega_0}{\omega^2-\omega_0{}^2}\right)$.

一般解は補関数 (6.4) と特解 (6.33) の和で与えられる.時間が十分たつと補関数は減衰するので,一定の振幅をもつ強制振動だけが残る.

$$x=\exp\left(-\gamma t\right)\left\{\alpha\exp\left(\sqrt{\gamma^2-\omega^2}t\right)+\beta\exp\left(-\sqrt{\gamma^2-\omega^2}t\right)\right\}$$
$$+\frac{F_0}{\sqrt{(\omega^2-\omega_0{}^2)^2+4\gamma^2\omega_0{}^2}}\cos\left(\omega_0 t+\phi'\right) \quad (6.34)$$

振幅は $\omega=\omega_0$ のとき最大になる.

2) $\gamma<\omega$ の場合

補関数は式 (6.7) で与えられるので,特解を求める.微分演算子を,

$$D\equiv\frac{d}{dt}$$

とおくと,式 (6.27) は,

$$(D^2+2\gamma D+\omega^2)x=F_0\exp\left(\tilde{i}\omega_0 t\right) \quad (6.35)$$

となる.式 (6.35) の微分演算子を,

$$F(D)=\left(D+\gamma+\tilde{i}\sqrt{\omega^2-\gamma^2}\right)\left(D+\gamma-\tilde{i}\sqrt{\omega^2-\gamma^2}\right) \quad (6.36)$$

6.2 強制振動

とおく．微分演算子 $F(D)$ の逆演算子を $F(D)^{-1}$ と表し，式 (6.35) の左から作用させると，

$$F(D)^{-1} \cdot F(D)x = F(D)^{-1} F_0 \exp(\tilde{\imath}\omega_0 t)$$

$$x = \frac{1}{D + \gamma + \tilde{\imath}\sqrt{\omega^2 - \gamma^2}} \frac{1}{D + \gamma - \tilde{\imath}\sqrt{\omega^2 - \gamma^2}} F_0 \exp(\tilde{\imath}\omega_0 t) \quad (6.37)$$

ここで，

$$u = \frac{1}{D + \gamma - \tilde{\imath}\sqrt{\omega^2 - \gamma^2}} F_0 \exp(\tilde{\imath}\omega_0 t)$$

とおき，左から $\left(D + \gamma - \tilde{\imath}\sqrt{\omega^2 - \gamma^2}\right)$ を作用させると，

$$\frac{du}{dt} + \left(\gamma - \tilde{\imath}\sqrt{\omega^2 - \gamma^2}\right) u = F_0 \exp(\tilde{\imath}\omega_0 t)$$

両辺に $\exp\left(\gamma - \tilde{\imath}\sqrt{\omega^2 - \gamma^2}\right)t$ をかけて式を変形し，辺々積分する．

$$\frac{d}{dt}\left[u \exp\left(\gamma - \tilde{\imath}\sqrt{\omega^2 - \gamma^2}\right)t\right] = F_0 \exp\left(\gamma - \tilde{\imath}\sqrt{\omega^2 - \gamma^2} + \tilde{\imath}\omega_0\right)t$$

$$\therefore \quad u = \frac{F_0}{\gamma - \tilde{\imath}\left(\sqrt{\omega^2 - \gamma^2} - \omega_0\right)} \exp(\tilde{\imath}\omega_0 t) \quad (6.38)$$

式 (6.38) を式 (6.37) に代入すると，

$$x = \frac{1}{D + \gamma + \tilde{\imath}\sqrt{\omega^2 - \gamma^2}} u$$

左から $\left(D + \gamma + \tilde{\imath}\sqrt{\omega^2 - \gamma^2}\right)$ を作用させると，

$$\frac{dx}{dt} + \left(\gamma + \tilde{\imath}\sqrt{\omega^2 - \gamma^2}\right) x = \frac{F_0}{\gamma - \tilde{\imath}\left(\sqrt{\omega^2 - \gamma^2} - \omega_0\right)} \exp(\tilde{\imath}\omega_0 t) \quad (6.39)$$

両辺に $\exp\left(\gamma + \tilde{\imath}\sqrt{\omega^2 - \gamma^2}\right)t$ をかけて式を変形し，辺々積分する．

$$\frac{d}{dt}\left[x \exp\left(\gamma + \tilde{\imath}\sqrt{\omega^2 - \gamma^2}\right)t\right] = \frac{F_0}{\gamma - \tilde{\imath}\left(\sqrt{\omega^2 - \gamma^2} - \omega_0\right)}$$

$$\times \exp\left(\gamma + \tilde{\imath}\sqrt{\omega^2 - \gamma^2} + \tilde{\imath}\omega_0\right)t \quad (6.40)$$

$$\therefore \quad x = \frac{F_0}{(\gamma + \tilde{i}\omega_0)^2 + (\omega^2 - \gamma^2)} \exp\left(\tilde{i}\omega_0 t\right)$$

$$= \frac{\omega^2 - \omega_0{}^2 - 2\tilde{i}\gamma\omega_0}{(\omega^2 - \omega_0{}^2)^2 + 4\gamma^2\omega_0{}^2} F_0 [\cos\left(\omega_0 t\right) + \tilde{i}\sin\left(\omega_0 t\right)] \tag{6.41}$$

x の実部をとると,

$$\Re\{x\} = \frac{F_0}{(\omega^2 - \gamma_0{}^2)^2 + 4\gamma^2\omega_0{}^2}[(\omega^2 - \omega_0{}^2)\cos\left(\omega_0 t\right) + 2\gamma\omega_0 \sin\left(\omega_0 t\right)]$$

$$= \frac{F_0}{\sqrt{(\omega^2 - \omega_0{}^2)^2 + 4\gamma^2\omega_0{}^2}} \cos\left(\omega_0 t - \phi'\right) \tag{6.42}$$

ここで, $\phi' = \tan^{-1}\left(\frac{2\gamma\omega_0}{\omega^2 - \omega_0{}^2}\right)$.

一般解は補関数 (6.8) と特解 (6.42) の和で与えられる. 時間が十分たつと補関数は減衰するので, 一定の振幅をもつ強制振動だけが残る.

$$x = A \exp\left(-\gamma t\right) \cos\left(\sqrt{\omega^2 - \gamma^2} t - \phi\right)$$
$$+ \frac{F_0}{\sqrt{(\omega^2 - \omega_0{}^2)^2 + 4\gamma^2\omega_0{}^2}} \cos\left(\omega_0 t - \phi'\right) \tag{6.43}$$

振幅が最大になるのは $\omega = \omega_0$ のときで,

$$x_{max} = \frac{F_0}{2\gamma\omega_0} \cos\left(\omega_0 t - \phi'\right) \tag{6.44}$$

となり, 振幅は発散することなく有限の範囲にとどまる.

3) $\gamma = \omega$ の場合

補関数は式 (6.13) で与えられるので, 特解を求める. 微分演算子を,

$$D \equiv \frac{d}{dt}$$

とおくと, 式 (6.27) は,

$$(D^2 + 2\omega D + \omega^2)x = F_0 \exp\left(\tilde{i}\omega_0 t\right) \tag{6.45}$$

式 (6.45) の微分演算子を,

$$F(D) = (D^2 + 2\omega D + \omega^2)x = (D + \omega)^2 \tag{6.46}$$

とおく. 微分演算子 $F(D)$ の逆演算子を $F(D)^{-1}$ と表し, 式 (6.45) の左から作用させる.

6.2 強制振動

$$F(D)^{-1} \cdot F(D)x = F(D)^{-1} F_0 \exp(\tilde{i}\omega_0 t)$$
$$\therefore \quad x = \frac{1}{D+\omega}\frac{1}{D+\omega} F_0 \exp(\tilde{i}\omega_0 t) \tag{6.47}$$

$$u = \frac{1}{D+\omega} F_0 \exp(\tilde{i}\omega_0 t)$$

とおき，左から $(D+\omega)$ を作用させると，

$$\frac{du}{dt} + \omega u = F_0 \exp(\tilde{i}\omega_0 t)$$

両辺に $\exp(\omega t)$ をかけて式を変形し，辺々積分する．

$$\frac{d}{dt}[u \exp(\omega t)] = F_0 \exp(\omega + \tilde{i}\omega_0)t$$
$$\therefore \quad u = \frac{F_0}{\omega + \tilde{i}\omega_0} \exp(\tilde{i}\omega_0 t) \tag{6.48}$$

式 (6.48) を式 (6.47) に代入すると，

$$x = \frac{1}{D+\omega} u$$

左から $(D+\omega)$ を作用させると，

$$\frac{dx}{dt} + \omega x = \frac{F_0}{\omega + \tilde{i}\omega_0} \exp(\tilde{i}\omega_0 t) \tag{6.49}$$

両辺に $\exp(\omega t)$ をかけて式を変形し，辺々積分する．

$$\frac{d}{dt}[x \exp(\omega t)] = \frac{F_0}{\omega + \tilde{i}\omega_0} \exp(\omega + \tilde{i}\omega_0)t$$
$$\therefore \quad x = \frac{F_0}{\omega^2 - \omega_0{}^2 + 2\tilde{i}\omega\omega_0} \exp(\tilde{i}\omega_0 t) \tag{6.50}$$

x の実部をとる．

$$\Re\{x\} = \frac{F_0}{\omega^2 + \omega_0{}^2} \cos(\omega_0 t - \phi') \tag{6.51}$$

ここで，$\phi' = \tan^{-1}\left(\frac{2\omega\omega_0}{\omega^2 - \omega_0{}^2}\right)$．

一般解は補関数 (6.13) と特解 (6.51) の和で与えられる．時間が十分たつと補関数は減衰するので，一定の振幅をもつ強制振動だけが残る．

$$x = (A + Bt)\exp(-\gamma t) + \frac{F_0}{\omega^2 + \omega_0{}^2} \cos(\omega_0 t - \phi') \tag{6.52}$$

6.3　2 重 振 子

伸縮性がなく質量を無視できる長さ l_1 の糸 1 を固定点 O に取り付ける．他端に質量 m_1 の質点 1 を取り付け，さらに質点 1 に長さ l_2 の糸 2 を取り付け，その端に質量 m_2 の質点 2 を取り付ける．この 2 重の振子を点 O を含む鉛直面内で微小振動させる．鉛直線と糸 1 がなす角を θ_1，質点 1 を含む鉛直線と糸 2 がなす角を θ_2 とし，糸 1 に働く張力を S_1，糸 2 に働く張力を S_2 とする．質点 1 に対する動径方向と方位角方向の運動方程式は，

$$m_1 g \cos\theta_1 - S_1 + S_2 \cos(\theta_2 - \theta_1) = 0 \tag{6.53}$$

$$m_1 l_1 \frac{d^2\theta_1}{dt^2} = -m_1 g \sin\theta_1 + S_2 \sin(\theta_2 - \theta_1) \tag{6.54}$$

質点 2 に対する動径方向と方位角方向の運動方程式は，

$$m_2 g \cos\theta_2 - S_2 = 0 \tag{6.55}$$

$$m_2 \left(l_1 \frac{d^2\theta_1}{dt^2} + l_2 \frac{d^2\theta_2}{dt^2} \right) = -m_2 g \sin\theta_2 \tag{6.56}$$

微小振動を考えるので，方位角方向の運動は固定点 O を含む鉛直線に直交し，質点 2 の最下点を原点とする x 座標で議論する．質点 1 の位置座標を x_1，質点 2 の位置座標を x_2 とすると，

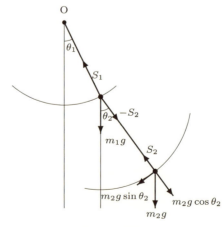

図 **6.2**　2 重振子

$$x_1 = l_1 \sin\theta_1 \simeq l_1\theta_1$$

$$x_2 = l_1 \sin\theta_1 + l_2 \sin\theta_2 \simeq l_1\theta_1 + l_2\theta_2$$

$$l_2\theta_2 = x_2 - x_1, \quad \cos(\theta_2 - \theta_1) \simeq 1, \quad \cos\theta_2 \simeq 1$$

式 (6.55) より，

$$S_2 = m_2 g \tag{6.57}$$

式 (6.57) を式 (6.53) に代入すると，

$$S_1 = m_1 g + S_2 = (m_1 + m_2)g \tag{6.58}$$

式 (6.57) を式 (6.54) に代入すると，

$$m_1 \frac{d^2 x_1}{dt^2} = -m_1 g \frac{x_1}{l_1} + m_2 g \left(\frac{x_2 - x_1}{l_2} - \frac{x_1}{l_1} \right)$$

$$\frac{d^2 x_1}{dt^2} = -\frac{g}{l_1}(1+\mu)x_1 + \mu\frac{g}{l_2}(x_2 - x_1) \tag{6.59}$$

式 (6.56) より，

$$\frac{d^2 x_2}{dt^2} = -\frac{g}{l_2}(x_2 - x_1) \tag{6.60}$$

ここで，$\mu = \frac{m_2}{m_1}$.

角振動数 ω の振動解を仮定する．すなわち，

$$x_1 = \alpha_1 \exp \tilde{i}\omega t, \qquad x_2 = \alpha_2 \exp \tilde{i}\omega t$$

とおき，式 (6.59) に代入する．

$$\left\{ (1+\mu)\frac{g}{l_1} + \mu\frac{g}{l_2} - \omega^2 \right\} \alpha_1 - \mu\frac{g}{l_2}\alpha_2 = 0 \tag{6.61}$$

次に，式 (6.60) に代入すると，

$$-\frac{g}{l_2}\alpha_1 + \left(\frac{g}{l_2} - \omega^2 \right)\alpha_2 = 0 \tag{6.62}$$

式 (6.61)，(6.62) は α_1 と，α_2 に対する 2 元 1 次方程式であり，α_1 と α_2 が有意な解をもつための必要条件は，係数がつくる行列式が 0 となることである．

$$\begin{vmatrix} (1+\mu)\dfrac{g}{l_1} + \mu\dfrac{g}{l_2} - \omega^2 & -\mu\dfrac{g}{l_2} \\ -\dfrac{g}{l_2} & \dfrac{g}{l_2} - \omega^2 \end{vmatrix} = 0 \tag{6.63}$$

式 (6.63) より 2 つの角振動数がえられる.

$$\omega^2 = \frac{1}{2}\left[(1+\mu)\left(\frac{g}{l_1}+\frac{g}{l_2}\right) \pm \sqrt{(1+\mu)^2\left(\frac{g}{l_1}+\frac{g}{l_2}\right)^2 - 4(1+\mu)\frac{g^2}{l_1 l_2}}\right] \quad (6.64)$$

2 つの角振動数に対応する振動を基準振動という. x_1, x_2 の一般解は 2 つの基準振動の線形和で与えられる.

$l_1 = l_2 = l$, $m_1 = m_2 = m$ の特別な場合について基準振動を求めよう. 式 (6.64) より,

$$\omega^2 = \left(2 \pm \sqrt{2}\right)\frac{g}{l} \quad (6.65)$$

1) $\omega^2 = \left(2 - \sqrt{2}\right)\frac{g}{l}$ の場合

ω^2 を式 (6.62) に代入すると,

$$\frac{\alpha_1}{\alpha_2} = \sqrt{2} - 1 \quad (6.66)$$

質点 1 と質点 2 は同位相で振動し, 振幅の比は 0.41 対 1 となる. 振動周期は,

$$T = \frac{2\pi}{\sqrt{2-\sqrt{2}}}\sqrt{\frac{l}{g}} \quad (6.67)$$

2) $\omega^2 = \left(2 + \sqrt{2}\right)\frac{g}{l}$ の場合

ω^2 を式 (6.62) に代入すると,

$$\frac{\alpha_1}{\alpha_2} = -(\sqrt{2}+1) \quad (6.68)$$

図 6.3 $\omega^2 = (2-\sqrt{2})\frac{g}{l}$ の場合

図 6.4 $\omega^2 = (2+\sqrt{2})\frac{g}{l}$ の場合

質点1と質点2は逆位相で振動し,振幅の比は2.41対1となる.振動周期は,

$$T = \frac{2\pi}{\sqrt{2+\sqrt{2}}}\sqrt{\frac{l}{g}} \tag{6.69}$$

2つの基準振動を図6.3,図6.4に示す.

6.4 連成振動

図6.5に示すように,滑らかな水平面上で,自然長l,バネ定数k, k', kの3本のバネ1, 2, 3を一直線に連結し両端を固定する.バネの固定点の一方をx軸の原点に選び,バネの接合部に質量mの質点1, 2を取り付ける(原点に近いほうを質点1とする).質点1の変位をx_1,質点2の変位をx_2とする($x_1 > 0$, $x_2 > 0$, $x_2 > x_1$とする).バネ2の正味の伸びが$(x_2 - x_1)$であることを考慮すると,質点1に対してバネ1が及ぼす力は$-kx_1$,バネ2が及ぼす力は$k'(x_2 - x_1)$となる.次に,質点2に対してバネ2が及ぼす力は$-k'(x_2 - x_1)$,バネ3が及ぼす力は$-kx_2$となる.したがって質点1, 2に対する運動方程式は,

$$m_1 \frac{d^2 x_1}{dt^2} = -kx_1 + k'(x_2 - x_1) \tag{6.70}$$

$$m_2 \frac{d^2 x_2}{dt^2} = -kx_2 - k'(x_2 - x_1) \tag{6.71}$$

ここで,

$$\omega_0^2 = \frac{k}{m}, \quad \omega_0'^2 = \frac{k'}{m}$$

とおくと,式(6.70), (6.71)は,

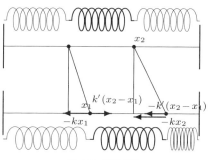

図 **6.5** 連成振動

$$\frac{d^2 x_1}{dt^2} = -\omega_0^2 x_1 + \omega_0'^2 (x_2 - x_1) \tag{6.72}$$

$$\frac{d^2 x_2}{dt^2} = -\omega_0^2 x_2 - \omega_0'^2 (x_2 - x_1) \tag{6.73}$$

となる．基準振動は前節の 2 重振子と同様の方法で求めることができるが，ここでは別の方法で基準振動と，質点 1, 2 の振幅を求めることにしよう．

式 (6.72)，(6.73) を辺々足し合わせ，次に辺々差し引くと，

$$\frac{d^2 (x_1 + x_2)}{dt^2} = -\omega_0^2 (x_1 + x_2) \tag{6.74}$$

$$\frac{d^2 (x_2 - x_1)}{dt^2} = -(\omega_0^2 + 2\omega_0'^2)(x_2 - x_1) \tag{6.75}$$

$x_1 + x_2$ と $x_2 - x_1$ はそれぞれ単一の角振動数をもつ基準振動に対応していて，一般解は，

$$x_1 + x_2 = A_1 \cos(\omega_0 t - \phi_1) \tag{6.76}$$

$$x_2 - x_1 = A_2 \cos\left(\sqrt{\omega_0^2 + 2\omega_0'^2}\, t - \phi_2\right) \tag{6.77}$$

となる．基準振動は，

1) $\omega_0^2 = \frac{k}{m}$ の場合

$$x_1 = \alpha_1 \exp(\tilde{i}\omega_0 t), \quad x_2 = \alpha_2 \exp(\tilde{i}\omega_0 t)$$

を式 (6.72) に代入すると，

$$\frac{\alpha_1}{\alpha_2} = \frac{1}{1}$$

をえる．すなわち，質点 1, 2 は同位相，同振幅で振動する．

2) $\omega_0^2 + 2\omega_0'^2 = \frac{k+2k'}{m}$ の場合

$$x_1 = \alpha_1 \exp\left(\tilde{i}\sqrt{\omega_0^2 + 2\omega_0'^2}\, t\right), \quad x_2 = \alpha_2 \exp\left(\tilde{i}\sqrt{\omega_0^2 + 2\omega_0'^2}\, t\right)$$

を式 (6.73) に代入すると，

$$\frac{\alpha_1}{\alpha_2} = \frac{-1}{1}$$

をえる．すなわち質点 1, 2 は逆位相，同振幅で振動する．

次に質点 1，2 の一般解を求める．式 (6.76) から式 (6.77) を引くと，
$$x_1 = \frac{1}{2}\left[A_1\cos(\omega_0 t - \phi_1) - A_2\cos\left(\sqrt{\omega_0^2 x_2 + 2\omega_0'^2}\,t - \phi_2\right)\right] \quad (6.78)$$
式 (6.76) と式 (6.77) を足すと，
$$x_2 = \frac{1}{2}\left[A_1\cos(\omega_0 t - \phi_1) + A_2\cos\left(\sqrt{\omega_0^2 + 2\omega_0'^2}\,t - \phi_2\right)\right] \quad (6.79)$$
すなわち，一般解は 2 つの基準振動の線形和で表される．

演 習 問 題

6.1 過減衰の場合，初期条件 $t=0: x=x_0, \frac{dx}{dt}=0$ を与えると特解が式 (6.6) となることを確かめよ．

6.2 減衰振動の場合，初期条件 $t=0: x=x_0, \frac{dx}{dt}=0$ を与えると特解が式 (6.10) となることを確かめよ．

6.3 臨界減衰の場合，初期条件 $t=0: x=x_0, \frac{dx}{dt}=0$ を与えると特解が式 (6.15) となることを確かめよ．

6.4 滑らかな水平面上で，質量が無視できる弾性定数 k 長さ $4l$ のひもの両端を固定する．ひもの端から $l, 2l, 3l$ の点に質量 m の質点を取り付け，ひもの両端に張力 S を加える．この振動系における基準振動の角振動数を求め，対応する質点 1，2，3 の振幅の比を求めよ．

6.5 伸縮性のない長さ l の糸の先に質量 m の質点を取り付けた 2 つの単振子を，間隔 d で水平な天井に取り付ける．さらに 2 つの質点を質量が無視できる自然長 d，バネ定数 k のバネでつなぎ，鉛直平面内で微小振動させる．この振動系について運動方程式を立て一般解を求めよ．

7
質点系と剛体の力学

質点の集合体を質点系といい，質点間の相対位置が不変でかつ質点が連続的に存在する物体を剛体という．定義から明らかなように近似的な意味での剛体は存在するが，真の意味での剛体は実在しない．質点系と剛体の運動は併進と回転の自由度を有するが，この章では併進運動のみを論ずる．質点系や剛体にはその1点に系の全質量が集中しているとみなせる質量中心と呼ばれる点が存在する．質量中心の併進運動は質点の運動と同様に論ずることができる．

7.1 質点系の運動方程式と質量中心

n 個の質点が互いに力を及ぼし合いながら，かつ外力を受けて運動している．質点 i に働く外力を $\vec{F}_i$，質点 j が質点 i に及ぼす力を $\vec{F}_{ij}$ とすると，質点 i が質点 j に及ぼす力は $\vec{F}_{ji}$ と書け，両者の間には作用反作用の法則により $\vec{F}_{ij} = -\vec{F}_{ji}$ という関係が成り立つ．

質点 $1, 2, \ldots, i, \ldots, n$ に関する運動方程式は，

$$m_1 \frac{d\vec{v}_1}{dt} = \vec{F}_1 + \vec{F}_{12} + \vec{F}_{13} + \cdots + \vec{F}_{1n}$$

$$m_2 \frac{d\vec{v}_2}{dt} = \vec{F}_2 + \vec{F}_{21} + \vec{F}_{23} + \cdots + \vec{F}_{2n}$$

$$\vdots$$

$$m_i \frac{d\vec{v}_i}{dt} = \vec{F}_i + \vec{F}_{i1} + \vec{F}_{i2} + \cdots + \vec{F}_{in}$$

$$\vdots$$

$$m_n \frac{d\vec{v}_n}{dt} = \vec{F}_n + \vec{F}_{n1} + \vec{F}_{n2} + \cdots + \vec{F}_{nn-1}$$

総和記号を用いると，質点 i に関する運動方程式は，

7.2 剛体の質量中心

$$m_i \frac{d\vec{v}_i}{dt} = \vec{F}_i + \sum_{j=1}^{n}(\vec{F}_{ij} - \delta_{ij}\vec{F}_{ij}) \tag{7.1}$$

ここで，δ_{ij} はクロネッカーのデルタであり次のように定義される．

$$\delta_{ij} = \begin{cases} 1, & i = j \text{ のとき} \\ 0, & i \neq j \text{ のとき} \end{cases} \tag{7.2}$$

式 (7.1) を i について 1 から n まで足し合わせると，

$$\frac{d}{dt}\left(\sum_{i=1}^{n} m_i \vec{v}_i\right) = \frac{d^2}{dt^2}\left(\sum_{i=1}^{n} m_i \vec{r}_i\right) = \sum_{i=1}^{n} \vec{F}_i \tag{7.3}$$

各質点の位置座標の，質量 m_i の重みつき平均を質量中心という．式で表すと，

$$\vec{R} = \frac{\sum_{i=1}^{n} m_i \vec{r}_i}{\sum_{i=1}^{n} m_i} = \frac{\sum_{i=1}^{n} m_i \vec{r}_i}{M} \tag{7.4}$$

ここで，$M = \sum_{i=1}^{n} m_i$ は質点系の全質量である．式 (7.4) を (x, y, z) 成分に分けて記述すると，

$$X = \frac{\sum_{i=1}^{n} m_i x_i}{M}, \quad Y = \frac{\sum_{i=1}^{n} m_i y_i}{M}, \quad Z = \frac{\sum_{i=1}^{n} m_i z_i}{M} \tag{7.5}$$

式 (7.3) と式 (7.4) から，

$$M \frac{d^2 \vec{R}}{dt^2} = \sum_{i=1}^{n} \vec{F}_i \tag{7.6}$$

質点系において質点間に働く力がわからなくても外力がわかっていれば，質量中心の運動は質点の運動と同様に取り扱うことができる．

7.2 剛体の質量中心

剛体は質量が連続的に存在し，かつ外力が加わっても形状が変化しない仮想的な物体である．したがって，質量中心を求めるには式 (7.4) において総和記号を

積分記号に置き換えればよい．質量中心の位置座標 $\vec{R}$ は，

$$\vec{R} = \frac{\int_V \rho \vec{r} dv}{\int_V \rho dv} = \frac{\int_V \rho \vec{r} dv}{M} \tag{7.7}$$

で与えられる．ここで，ρ は剛体の密度であり dv は体積要素を表す．

式 (7.7) を (x, y, z) 成分に分けて書くと，

$$X = \frac{\int_V \rho x dv}{M}, \quad Y = \frac{\int_V \rho y dv}{M}, \quad Z = \frac{\int_V \rho z dv}{M} \tag{7.8}$$

体積積分を行うときには，対象とする剛体の形状に応じて適切な座標系 (デカルト座標，円筒座標，球面極座標) を選択すればよい．

7.3 質点系と剛体の重心

n 個の質点系があり，i 番目の質点の質量を m_i，位置ベクトルを $\vec{r}_i$ とする．また，質量中心の位置座標を $\vec{R}$，n 個の質点の質量の和を M とする．質点系を重力場におくと，質点系に働く重力の合力の作用点は質量中心に一致する．このとき質量中心を重心という．以上の議論は剛体においても成り立ち，剛体各部に働く重力の合力の作用点は質量中心になる．次に，重心を含む鉛直線で剛体をつり下げると，剛体は回転することなく静止することを示そう．ここではまだ定義していない力のモーメントを用いるので，以下の議論は第 9 章を学んだ後に再読してほしい．剛体を重力場に置き，剛体に対する重力のモーメントの和 $\vec{N}$ を求める．鉛直上方を z 軸の正の方向にとる．

$$\vec{N} = \int_V \vec{r} \times (-\rho g \hat{k}) dv \tag{7.9}$$

ここで，

$$\vec{r} \times (-\rho g \hat{k}) = (x\hat{i} + y\hat{j} + z\hat{k}) \times (-\rho g \hat{k}) = \rho g (x\hat{j} - y\hat{i}) \tag{7.10}$$

式 (7.9) と式 (7.10) から，

$$\vec{N} = \hat{j} g \int_V \rho x dv - \hat{i} g \int_V \rho y dv \tag{7.11}$$

式 (7.8)，(7.11) から，

$$\vec{N} = Mg(X\hat{j} - Y\hat{i}) = \vec{R} \times (-Mg\hat{k}) \tag{7.12}$$

式 (7.12) により，"剛体各部に働く重力のモーメントの和は，質量中心に働く重力のモーメントに等しい" ことが証明できた．すなわち，重心を含む鉛直線上の任意の点で剛体に働く重力と等しい大きさの力を鉛直上方に加えると，剛体は回転することなく静止状態を保つ．以上の議論から明らかなように，質量中心と重心の位置座標は一致するが，物理的な定義において異なる概念である[*1)]．

7.4 質量中心 (重心) の求め方

7.4.1 実験的方法

重力場において剛体の 1 点 (支点) に糸を取り付けてつり下げ，剛体が静止状態を保つように保持すると，剛体の重心は支点を含む鉛直線上にある．次に糸を別の支点に取り付けてつり下げ，静止状態を保つように保持すると，剛体の重心は別の支点を含む鉛直線上にある．したがって，2 つの鉛直線の交点が重心となる．

7.4.2 質量中心の定義式より求める方法

質点系の場合には式 (7.4)，あるいは式 (7.5) により求め，剛体の場合には式 (7.7)，あるいは式 (7.8) により求める．

例題 1 デカルト座標において，質量 $2m$ の質点が (1,1,3) に，質量 m の質点が (4,1,0) に，質量 $3m$ の質点が (0,3,4) にある．この質点系の質量中心を求めよ．
解
$$X = \frac{1 \times 2m + 4 \times m + 0 \times 3m}{2m + m + 3m} = 1$$
$$Y = \frac{1 \times 2m + 1 \times m + 3 \times 3m}{6m} = 2$$
$$Z = \frac{3 \times 2m + 0 \times m + 4 \times 3m}{6m} = 3$$
質量中心の座標は (1,2,3) となる．

[*1)] 両者はしばしば同義に用いられるが，質量中心のほうが広義の概念といえる．

例題 2 半径 a, 面密度 σ の薄くて厚さが一様な円板がある. この円板から内接する半径 $\frac{a}{2}$ の円板を切り抜いたあとの薄板の質量中心を求めよ.

解 円板の中心を x 軸の原点にとると, 切り抜いた円板の中心座標は $\frac{a}{2}$ になる. 形状の対称性から, 質量中心は x 軸上に存在する. 質量中心の座標を $(X, 0)$ とする. 薄板の質量は,

$$M = \sigma\left\{\pi a^2 - \pi\left(\frac{a}{2}\right)^2\right\} = \frac{3}{4}\sigma\pi a^2$$

となる. 切り抜いた円板を元に戻した半径 a の円板の質量中心は原点なので,

$$0 = \frac{\frac{3}{4}\sigma\pi a^2 X + \frac{1}{4}\sigma\pi a^2 \frac{a}{2}}{\sigma\pi a^2}, \quad X = -\frac{a}{6}$$

例題 3 直角をはさむ 2 辺の長さが a, b, 面密度 σ の薄くて厚さが一様な直角三角形の質量中心を求めよ.

解 直角の頂点を座標原点にとり, 辺の長さが a の辺を x 軸, 辺の長さが b の辺を y 軸に選ぶ. すると, 斜辺の方程式は,

$$y = -\frac{b}{a}x + b$$

$(x, x+\delta x)$ 間の面積素片は,

$$\delta S = \left(-\frac{b}{a}x + b\right)\delta x$$

したがって, 質量中心の位置座標 (X, Y) は,

$$X = \frac{\int_0^a \sigma\left(-\frac{b}{a}x + b\right)x\,dx}{\frac{1}{2}\sigma ab} = \frac{\sigma\left[-\frac{b}{3a}x^3 + \frac{b}{2}x^2\right]_0^a}{\frac{1}{2}\sigma ab} = \frac{1}{3}a$$

$$Y = \frac{\int_0^b \sigma\left(-\frac{a}{b}y + a\right)y\,dy}{\frac{1}{2}\sigma ab} = \frac{\sigma\left[-\frac{a}{3b}y^3 + \frac{a}{2}y^2\right]_0^b}{\frac{1}{2}\sigma ab} = \frac{1}{3}b$$

となり, 数学で定義する三角形の重心と一致する.

例題 4 質量 M, 長さ L, 幅 W の台車の中央に質量 m の人が立っている. その人が静かに歩きだし台車の端まで $\frac{L}{2}$ 移動して止まった (図 7.1). 台車はどの方向にどれだけ動くか. ただし, 台車の質量中心は台車の中央にあり, 人の足裏の長さは台車の長さに比べて無視できるものとせよ.

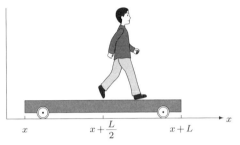

図 7.1 台車の上での移動

解 人の進行方向に x 軸をとり, 原点は人の動いていく方向とは反対側の台車の端にとる. 人が乗った台車の質量中心を X とすると人が移動する前の台車–人系の質量中心は,

$$X = \frac{m\frac{L}{2} + M\frac{L}{2}}{m+M} = \frac{L}{2}$$

人が台車の端まで歩いた時の台車の質量中心を x とする. 台車と人の間に働く力は, 台車–人系の内力なので, 台車–人系の質量中心は変化しない.

$$X = \frac{m(x+L) + M\left(x+\frac{L}{2}\right)}{m+M} = x + \frac{L}{2} + \frac{mL}{2(m+M)} = \frac{L}{2}$$

$$x = -\frac{m}{2(m+M)}L$$

台車は人の歩く方向とは反対方向に $\frac{m}{2(m+M)}L$ 移動する.

7.4.3 質量中心周りの重力のモーメントの和から求める方法

質量中心周りの重力のモーメントの和は 0 になる. この性質を利用して質量中心を求めることができる.

例題 5 半径 a, 面密度 σ の一様な円板がある. 同じ厚さ, 同じ面密度をもつ半径 $\frac{a}{2}$ の円板を, この円板に内接するように貼り付けた. 全体の質量中心を求めよ.

解 半径 a の円の中心を O, 半径 $\frac{a}{2}$ の円の中心を O' とする. O を x 軸の原点, O' を x 軸上 $\frac{a}{2}$ にとる. 形状の対称性から, 質量中心 G は x 軸上にあるので, その座標を X とする. G の周りの重力のモーメントの和は,

$$\sigma\pi a^2 gX - \sigma\pi\left(\frac{a}{2}\right)^2 g\left(\frac{a}{2} - X\right) = 0, \quad X = \frac{1}{10}a$$

演 習 問 題

7.1 長さ $6.00\,\mathrm{m}$ の丸太がある. その一端 A を持ち上げるには $5.00\times 10\,\mathrm{kgW}$ の力が必要であり, 他端 B を持ち上げるには $1.00\times 10^2\,\mathrm{kgW}$ の力が必要である. 丸太の質量と質量中心を求めよ. $1\,\mathrm{kgW}(1$ キログラム重$)$ の力とは, 地表において質量 $1\,\mathrm{kg}$ の物体に働く重力の大きさで $9.80\,\mathrm{N}$ に等しい.

7.2 月の質量は地球の質量の 1.23×10^{-2} 倍であり, 地球と月の距離は $3.84\times 10^8\,\mathrm{m}$ である. 月–地球系の質量中心を求めよ.

7.3 長さ $50.0\,\mathrm{cm}$, 線密度 η のまっすぐな針金を端から $20.0\,\mathrm{cm}$ のところで直角に折り曲げた. 折り曲げた点を座標原点にとり, 長さが $30.0\,\mathrm{cm}$ の辺を x 軸に, 長さが $20.0\,\mathrm{cm}$ の辺を y 軸にとる. 針金の長さに較べて針金の直径は無視できるとして, 質量中心 (X,Y) を求めよ.

7.4 線密度 η の針金で半径 a の半円を作った. 半径 a に較べて針金の直径は無視できるとして質量中心を求めよ.

7.5 面密度 σ, 内径 a, 外径 b の半円板の質量中心を求めよ. a が限りなく b に近づく極限では, 前問の結果と一致することを確かめよ.

7.6 密度 ρ, 半径 a の半球の質量中心を求めよ.

7.7 面密度 σ, 半径 a の半球殻の質量中心を求めよ.

7.8 密度 ρ, 内径 a, 外径 b の中空半球の質量中心を求めよ. a が限りなく b に近づく極限では, 前問の結果と一致することを確かめよ.

8
運動量と力積

この章ではニュートンの運動方程式の第2の変形を行う．運動方程式を有限な時間間隔にわたって積分すると，運動量の増加は力積に等しいという関係式をえる．多体系において働く力が内力だけのときには（たとえば衝突の問題）力積の和は0になるので系の運動量の総和は保存される．これを運動量保存則といい重要な物理法則の1つである．この章では衝突の問題を取り扱うが，衝突は有限な大きさをもつ物体でないと起こらない．大きさをもつ物体は併進の自由度と回転の自由度を有するが，この章では回転の自由度は無視して議論を進める．

8.1 運動方程式の変形

ニュートンは運動方程式を，

$$\frac{d}{dt}(m\vec{v}) = \vec{F} \tag{8.1}$$

という形式で記述した．この形式は質量が時間変化する場合も含んでいる．前章までの問題では質量 m を一定としていたので，質量を微分演算子の外に出した形で運動方程式を用いてきたが，この章では式 (8.1) の形式を用いる．

$$\vec{p} = m\vec{v} \tag{8.2}$$

は運動量と呼ばれる物理量で，その単位は，

$$[\vec{p}] = [\text{kg} \cdot \text{m}\,\text{s}^{-1}] = [\text{N} \cdot \text{s}]$$

である．式 (8.1) を時刻 t_1 から t_2 まで積分すると，

$$\vec{p}(t_2) - \vec{p}(t_1) = \int_{t_1}^{t_2} \vec{F}(t)dt \tag{8.3}$$

式 (8.3) の右辺を力積という．力の時間についての平均値を $\langle \vec{F} \rangle$ とすると，

$$\langle \vec{F} \rangle = \frac{\int_{t_1}^{t_2} \vec{F}(t)dt}{t_2 - t_1} \tag{8.4}$$

となる．式 (8.3) と式 (8.4) より，

$$\vec{p}(t_2) - \vec{p}(t_1) = \langle \vec{F}(t) \rangle (t_2 - t_1) \tag{8.5}$$

力が時間によらず一定（$\langle \vec{F}(t) \rangle = \vec{F}$）ならば，式 (8.5) は，

$$\vec{p}(t_2) - \vec{p}(t_1) = \vec{F}(t_2 - t_1) \tag{8.6}$$

と書ける．力積の単位は，

$$\left[\int_{t_1}^{t_2} \vec{F}(t)dt \right] = [\text{N·s}]$$

問1 乗員を含む質量が 1.50×10^3 kg の自動車が，直線道路を時速 50.0 km で走っていた．運転手が前方に障害物を発見したため急ブレーキをかけたところ 7.00 秒後に停止した．ブレーキをかけている間の駆動力は 0 であり，地面が自動車に及ぼす抗力は一定として力の大きさを求めよ．

8.2 運動量保存則

この節では物体の衝突を議論する．衝突は物体が有限な大きさを有していないと起こらないが，物体は回転運動をしないものとして議論を進める．

8.2.1 多体系の場合

n 個の物体が互いに力を及ぼし合う系を考える．ここでは衝突の問題を考えているが，及ぼし合う力が万有引力やクーロン力などの非接触の力でも同じ議論が成り立つ．物体 j が物体 i に及ぼす力を $\vec{F}_{ij}$ とし，物体 i が物体 j に及ぼす力を $\vec{F}_{ji}$ とする．両者の間には作用反作用の法則により，

$$\vec{F}_{ij} = -\vec{F}_{ji}$$

という関係が成り立つ．

物体 $1, 2, \ldots, i, \ldots, n$ に関する運動方程式は，第 7 章式 (7.1) で外力が 0 の場

合に相当する．すなわち，

$$m_1 \frac{d\vec{v}_1}{dt} = \vec{F}_{12} + \vec{F}_{13} + \cdots + \vec{F}_{1n}$$
$$m_2 \frac{d\vec{v}_2}{dt} = \vec{F}_{21} + \vec{F}_{23} + \cdots + \vec{F}_{2n}$$
$$\vdots$$
$$m_i \frac{d\vec{v}_i}{dt} = \vec{F}_{i1} + \vec{F}_{i2} + \cdots + \vec{F}_{in}$$
$$\vdots$$
$$m_n \frac{d\vec{v}_n}{dt} = \vec{F}_{n1} + \vec{F}_{n2} + \cdots + \vec{F}_{nn-1}$$

総和記号を用いると，i 番目の物体に対する運動方程式は，

$$m_i \frac{d\vec{v}_i}{dt} = \sum_{j=1}^{n}(\vec{F}_{ij} - \delta_{ij}\vec{F}_{ij}) \tag{8.7}$$

ここで，δ_{ij} はクロネッカーのデルタである．

$$\delta_{ij} = \begin{cases} 1, & i = j \text{ のとき} \\ 0, & i \neq j \text{ のとき} \end{cases} \tag{8.8}$$

式 (8.7) を i について 1 から n まで足し合わせると，

$$\frac{d}{dt}\left(\sum_{i=1}^{n} m_i \vec{v}_i\right) = 0 \tag{8.9}$$

となる．すなわち外力が働かないか，あるいは外力の合力が 0 ならば系の運動量は保存する (運動量保存則)．

時刻 t_1 における質点 i の速度を $\vec{v}_i(t_1)$，時刻 t_2 における質点 i の速度を $\vec{v}_i(t_2)$ とし，式 (8.9) を t_1 から t_2 まで積分すると，

$$\sum_{i=1}^{n} m_i \vec{v}_i(t_1) = \sum_{i=1}^{n} m_i \vec{v}_i(t_2) \tag{8.10}$$

となり，運動量保存則の積分形をえる．

8.2.2 2体系の場合

滑らかな水平面上で半径が等しい質量 m_1 の円板 1 と質量 m_2 の円板 2 が衝突

する問題を考える．衝突前の円板 1 の速度を $\vec{v}_1$，円板 2 の速度を $\vec{v}_2$，衝突時に円板 1 が円板 2 に及ぼす力を $\vec{F}_{21}$，円板 2 が円板 1 に及ぼす力を $\vec{F}_{12}$ とする．衝突後の円板 1 の速度を $\vec{v}_1'$，円板 2 の速度を $\vec{v}_2'$ とする．作用反作用の法則により，

$$\vec{F}_{12} = -\vec{F}_{21} \tag{8.11}$$

であり，衝突の前後で運動量は保存するので，

$$m_1\vec{v}_1 + m_2\vec{v}_2 = m_1\vec{v}_1' + m_2\vec{v}_2' \tag{8.12}$$

となる．

例題 1 十分な大きさをもつ質量 M の木片を，質量が無視できる長さ L の 2 本のひもでつるす．質量 $m\,(m \ll M)$ の矢を木片に命中させると両者は単振動をはじめ，糸が鉛直方向となす最大角が θ であった．矢が木片に刺さる直前の速さ v を求めよ．ただし，重力加速度の大きさを g とせよ．

解

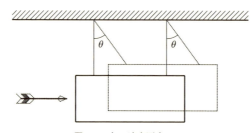

図 **8.1** 矢の速度測定

矢が命中した直後の木片の速さを V とすると，運動量保存則より，

$$mv = (m+M)V \tag{8.13}$$

力学的エネルギー保存則から，

$$\frac{1}{2}(m+M)V^2 = (m+M)gL(1-\cos\theta)$$
$$\therefore \quad V = \sqrt{2gL(1-\cos\theta)} \tag{8.14}$$

式 (8.13), (8.14) より，

$$v = \frac{m+M}{m}\sqrt{2gL(1-\cos\theta)}$$

例題 2 緩衝装置のついた質量 $M\,(1.0 \times 10^3\,\mathrm{kg})$ の砲身をもつ大砲で，質量 $m\,(1.0 \times 10\,\mathrm{kg})$ の砲弾を速さ $v\,(8.0 \times 10^2\,\mathrm{m\,s^{-1}})$ で水平に発射した．次の小問に答えよ．

1) 砲弾を発射した反動による砲身の初速 V を求めよ．
2) 砲弾が砲身を通過するのに $\Delta t\,(1.0 \times 10^{-2}\,秒)$ かかった．この間に砲身が受けた平均の力を求めよ．

解 砲弾の飛ぶ向きを x 軸の正の方向にとる．

1) 運動量保存則により，
$$MV + mv = 0$$
$$V = -\frac{mv}{M} = -\frac{(1.0 \times 10) \times (8.0 \times 10^2)}{1.0 \times 10^3} = -8.0\,(\mathrm{m\,s^{-1}})$$

2) 運動量変化は力積に等しいから，
$$MV - 0 = F\Delta t$$
$$F = \frac{MV - 0}{\Delta t} = \frac{1.0 \times 10 \times (-8.0 \times 10^2) - 0}{1.0 \times 10^{-2}} = -8.0 \times 10^5\,(\mathrm{N})$$

負号は砲身に働く力の向きが x 軸の負の方向であることを示す．

8.3 円板の衝突

円板は併進運動だけで回転運動はしないと考える．円板の併進の運動エネルギーが回転の運動エネルギーに較べてきわめて大きい場合の近似的な取り扱いと考えてもよい．1次元の衝突問題を考えるが，2次元，3次元の衝突も，具体的に解を求めるときには成分に分けて取り扱うので，1次元の衝突問題は決して特別な衝突の形態を取り扱っているわけではない．衝突する円板を1つの系と考えると，円板が及ぼし合う力は内力なので系の運動量は保存する．

8.3.1 1次元非弾性衝突

滑らかな水平面で，一直線上を異なる速さで運動する2つの円板の衝突を考える．質量 m_1，速さ v_1 の円板1が，質量 m_2，速さ v_2 の円板2に衝突し，衝突後円板1は速さ v_1'，円板2は速さ v_2' で離脱していくとする．衝突するという条件，また円板1は円板2を追い越すことはないという条件から，

$$v_1 > v_2, \qquad v_1' \leq v_2'$$

という関係が成り立つ．運動量保存則により，

$$m_1 v_1 + m_2 v_2 = m_1 v_1' + m_2 v_2' \tag{8.15}$$

この場合，未知数は v_1', v_2' の2つであるのに対して，2つの未知数の関係を与える方程式は式 (8.15) だけである．解を求めるためにはもう1つ方程式が必要であり，それが v_1, v_2, v_1', v_2' の運動学的関係を与えるはね返り係数 (反発係数) である．はね返り係数 e は，離脱する速さと接近する速さの比で，かつ正の値となるよう定義される．

$$e = -\frac{v_1' - v_2'}{v_1 - v_2} \tag{8.16}$$

非弾性衝突では $0 < e < 1$ であり，もっとも一般的な衝突の形態である．はね返り係数は物体を構成する物質に依存する．たとえば象牙で作られたビリヤードの球同士の衝突におけるはね返り係数は1に近く，湿った粘土の球同士の衝突におけるはね返り係数は0である．

式 (8.16) より，

$$v_2' = v_1' + e(v_1 - v_2) \tag{8.17}$$

式 (8.15) に式 (8.17) を代入すると，

$$v_1' = v_1 + (1 + e)\frac{m_2}{m_1 + m_2}(v_2 - v_1) \tag{8.18}$$

式 (8.17) に式 (8.18) を代入すると，

$$v_2' = \frac{m_1}{m_1 + m_2}(1 + e)v_1 + \frac{m_2 - em_1}{m_1 + m_2}v_2 \tag{8.19}$$

となり，非弾性衝突における衝突後の速さがえられた．

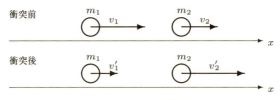

図 8.2　1 次元非弾性衝突

8.3.2 1次元弾性衝突

はね返り係数 e が 1 となる衝突を弾性衝突という．変数を次のように定める (図 8.3). m_1：円板 1 の質量，m_2：円板 2 の質量，v_1：衝突前の円板 1 の速さ，v_2：衝突前の円板 2 の速さ，v_1'：衝突後の円板 1 の速さ，v_2'：衝突後の円板 2 の速さ．衝突するという条件，また円板 1 は円板 2 を追い越すことはないという条件から，

$$v_1 > v_2, \qquad v_1' \leq v_2'$$

が成り立つ．運動量保存則より，

$$m_1 v_1 + m_2 v_2 = m_1 v_1' + m_2 v_2' \tag{8.20}$$

はね返り係数の定義式より，

$$1 = -\frac{v_1' - v_2'}{v_1 - v_2} \tag{8.21}$$

式 (8.20) と式 (8.21) から v_1', v_2' を求めると，

$$v_1' = \frac{m_1 - m_2}{m_1 + m_2} v_1 + \frac{2 m_2}{m_1 + m_2} v_2 \tag{8.22}$$

$$v_2' = \frac{2 m_1}{m_1 + m_2} v_1 + \frac{m_2 - m_1}{m_1 + m_2} v_2 \tag{8.23}$$

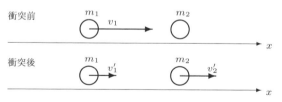

図 8.3　1 次元弾性衝突

問 2　式 (8.22)，(8.23) を用いて，弾性衝突では衝突の前後で運動エネルギーが保存することを示せ．

例題 3　滑らかな水平面上で，静止している質量 m_2 の円板に質量 m_1 の円板が速さ v で衝突した．衝突が弾性衝突の場合，衝突後の 2 つの円板の速さ v_1', v_2' を求めよ．次に衝突前と衝突後の系の運動エネルギーを求めよ．ただし，衝突は一直線

上で起こるとせよ.
解 運動量保存則により,
$$m_1 v_1 = m_1 v_1' + m_2 v_2' \tag{8.24}$$
はね返り係数の定義式から,
$$1 = -\frac{v_1' - v_2'}{v - 0} \tag{8.25}$$
式 (8.25) から,
$$v_2' = v + v_1' \tag{8.26}$$
式 (8.26) を式 (8.24) に代入すると,
$$v_1' = \frac{m_1 - m_2}{m_1 + m_2} v \tag{8.27}$$
式 (8.27) を式 (8.26) に代入すると,
$$v_2' = \frac{2m_1}{m_1 + m_2} v \tag{8.28}$$
衝突前の系の運動エネルギーは,
$$K = \frac{1}{2} m_1 v^2 \tag{8.29}$$
衝突後の系の運動エネルギーは,
$$\begin{aligned} K &= \frac{1}{2} m_1 v_1'^2 + \frac{1}{2} m_2 v_2'^2 \\ &= \frac{1}{2} m_1 \left(\frac{m_1 - m_2}{m_1 + m_2} \right)^2 v^2 + \frac{1}{2} m_2 \left(\frac{2m_1}{m_1 + m_2} \right)^2 v^2 \\ &= \frac{1}{2} m_1 v^2 \end{aligned} \tag{8.30}$$
すなわち,衝突の前後で系の運動エネルギーは保存する.

8.3.3 完全非弾性衝突

滑らかな水平面の一直線上で,2つの円板が衝突後いっしょに運動する場合を完全非弾性衝突という (図 8.4). 離脱速度が 0 なのではね返り係数 e は 0 になる.

衝突の前後で系の運動量は保存されるので,
$$m_1 v_1 + m_2 v_2 = (m_1 + m_2) v'$$
$$\therefore \quad v' = \frac{m_1 v_1 + m_2 v_2}{m_1 + m_2} \tag{8.31}$$

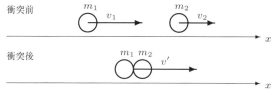

図 8.4 1次元完全非弾性衝突

例題 4 線密度 (単位長さあたりの質量) η の鎖が，滑らかな床の上に一塊にして置いてある．鎖の先端をもって一定の速さ v で鉛直上方へ引き上げる．鎖の先端が床面から z の高さになったとき，鎖を引き上げるのに必要な力 F を求めよ．ただし，鎖は充分に長いので鎖を引き上げている間は鎖の他端は床の上にあるとし，重力加速度の大きさを g とせよ．

解 床面を原点とし，鉛直上方に z 座標をとる．鎖の長さが z になった時刻を t とし，微小な時間増分 Δt 後の鎖の先端の z 座標を $z + \Delta z$ とすると，
$$v = \frac{\Delta z}{\Delta t}$$
という関係が成り立つ．次に，時刻 $t + \Delta t$ における力を $F + \Delta F$ とする．Δt の間の運動量変化は力積に等しいので，
$$\eta v(z + \Delta z) - \eta v z = \left\{ F + \frac{\Delta F}{2} - \left(\eta g z + \frac{\eta g \Delta z}{2} \right) \right\} \Delta t$$
2次の微小量を無視すると，
$$\eta v \Delta z = (F - \eta g z) \Delta t$$
$$\therefore \quad F = \eta g z + \eta v \frac{\Delta z}{\Delta t} = \eta g z + \eta v^2$$
鎖の運動は衝突問題にほかならない．しかも衝突後鎖はいっしょに運動するので完全非弾性衝突である．

問3 滑らかな水平面の直線上で，静止している質量 m の円板 1 に質量 m の円板 2 が速さ v で衝突し，衝突後一体となって速さ v' で運動を続けた．
1) 衝突後の速さ v' を求めよ．
2) 衝突前の系の運動エネルギーを求めよ．
3) 衝突後の系の運動エネルギーを求めよ．
4) 衝突によって失われた系の運動エネルギーを求めよ．

8.4 床面や壁面との衝突

球が平らな壁面に斜めに衝突する場合を考える (図 8.5). 球が壁面と衝突する点を原点, 壁面に沿う鉛直上方を x 軸, 壁面に垂直な方向を y 軸とする. 衝突前の球の速度を $\vec{v}_i = (v_{ix}, v_{iy})$, 衝突後の速度を $\vec{v}_o = (v_{ox}, v_{oy})$ とする. また, $\vec{v}_i$ と y 軸のなす角 (入射角) を θ_i, $\vec{v}_o$ と y 軸のなす角 (反射角) を θ_o とする. 衝突の前後を通じて球は回転運動をしないものとする.

$$\theta_i = \tan^{-1}\left(\frac{v_{ix}}{v_{iy}}\right) \tag{8.32}$$

$$\theta_o = \tan^{-1}\left(\frac{v_{ox}}{v_{oy}}\right) \tag{8.33}$$

壁は滑らかな剛体壁とする. "滑らかな" という条件は, 壁面に沿う方向 (x 軸方向) には摩擦力が働かないことを意味し, 剛体壁という条件は壁面と球とのはね返り係数が 1 であることと同義である. これらの条件を式で表すと,

$$e = -\frac{v_{oy}}{-v_{iy}} = 1$$
$$\therefore \quad v_{oy} = v_{iy} \tag{8.34}$$

壁面では摩擦力が働かないので x 方向の速度成分は衝突の前後で変化しない. すなわち,

$$v_{ox} = v_{ix} \tag{8.35}$$

式 (8.34), (8.35) より,

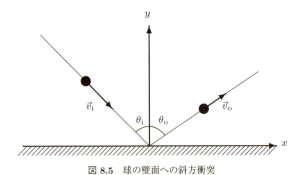

図 **8.5** 球の壁面への斜方衝突

$$\theta_{\mathrm{i}} = \tan^{-1}\left(\frac{v_{\mathrm{i}x}}{v_{\mathrm{i}y}}\right) = \tan^{-1}\left(\frac{v_{\mathrm{o}x}}{v_{\mathrm{o}y}}\right) = \theta_{\mathrm{o}} \tag{8.36}$$

壁面が滑る剛体壁という特殊な条件のもとでは"反射の法則"が成り立つ.

例題 5 球を高さ $h_1 = 3.0\,\mathrm{m}$ から自由落下させたら,床ではね返った後,最高点 $h_2 = 2.4\,\mathrm{m}$ に達した.ただし,重力加速度の大きさは $g = 9.8\,\mathrm{m\,s^{-2}}$ とせよ.
1) 球が床に衝突する直前の速さ v を求めよ.
2) 床からはね返った直後の速さ v' を求めよ.
3) はね返り係数 e を求めよ.

解
1) 力学的エネルギー保存則から,
$$\frac{1}{2}mv^2 = mgh_1$$
$$\therefore\quad v = \sqrt{2gh_1} = 7.7\,(\mathrm{m\,s^{-1}})$$

2) 同様にして,
$$v' = \sqrt{2gh_2} = 6.9\,(\mathrm{m\,s^{-1}})$$

3) はね返り係数は,鉛直上方を座標軸の正の方向とすると,
$$e = -\frac{v' - 0}{-v - 0} = \frac{v'}{v} = 0.90$$

8.5 2次元の衝突

2次元の衝突問題は,2次元デカルト座標系で x 成分と y 成分に分けて,それぞれ1次元衝突問題として解けばよい.ここでは次の例題で示す単純な状況での2次元衝突問題を考える.

例題 6 滑らかな水平面上で静止している質量 m の円板 2 に,同じ質量,同じ直径の円板 1 が速度 $\vec{v}_1$ で弾性衝突した.このとき,速度ベクトルの向きと2つの円板の中心を結ぶ直線は一致していなかった.衝突後2つの円板は $\vec{v}_1$ と同じ向きの速度成分をもっていた.円板 1 と円板 2 の衝突後の速度 $\vec{v}_1'$ と $\vec{v}_2'$ を求めよ.ただし,円板の回転運動は無視せよ.

解 図 8.6 に示すように $\vec{v}_1$ の向きに x 軸をとり,直交する向きに y 軸をとる.また $\vec{v}_1, \vec{v}_1', \vec{v}_2'$ の x 成分と y 成分をそれぞれ,$(u_1, 0)$, (u_1', v_1'), (u_2', v_2') とする.運

動量保存則により,
$$\vec{v}_1 = \vec{v}'_1 + \vec{v}'_2 \tag{8.37}$$

x 成分と y 成分に分けて記述すると,
$$u_1 = u'_1 + u'_2 \tag{8.38}$$
$$0 = v'_1 + v'_2 \tag{8.39}$$

式 (8.37) から, 3 つの速度ベクトルは 3 角形の法則を満たす. 次に, 力学的エネルギー保存則により,
$$\frac{1}{2}mv_1^2 = \frac{1}{2}mv'_1{}^2 + \frac{1}{2}mv'_2{}^2$$
$$\therefore \quad v_1^2 = v'_1{}^2 + v'_2{}^2 \tag{8.40}$$

3 ベクトル $\vec{v}_1, \vec{v}'_1, \vec{v}'_2$ は 3 角形を形成し, しかも, v_1, v'_1, v'_2 はピタゴラスの定理を満たすので, $\vec{v}'_1$ と $\vec{v}'_2$ がなす角度は直角である (図 8.6). ここで, $\vec{v}_1$ の方向と $\vec{v}'_1$ の方向がなす角度を θ とすると,
$$v'_1 = v_1 \cos\theta \tag{8.41}$$
$$v'_2 = v_1 \cos\left(\frac{\pi}{2} - \theta\right) = v_1 \sin\theta \tag{8.42}$$

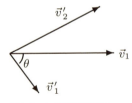

図 8.6　2 次元弾性衝突

8.6　質量が時間変化する場合の運動方程式

質量が時間変化する系においては, 運動方程式 (8.1) は,
$$\vec{F} = \frac{d\vec{p}}{dt} = m\frac{d\vec{v}}{dt} + \vec{v}\frac{dm}{dt} \tag{8.43}$$
$$\vec{p} = m\vec{v} \tag{8.44}$$

と表せる. 物体の質量が変化しながら運動する代表的な例として, 燃料を爆発的に燃焼することによって飛行するロケットが挙げられる.

8.6 質量が時間変化する場合の運動方程式

まず，空気抵抗がなく重力の影響が無視できる宇宙空間を直線的に飛行している場合を考える．飛行する方向を x 軸の正の向きとし，時刻 t におけるロケットの質量を m，速さを u，時刻 $t + \delta t$ におけるロケットの質量を $m + \delta m$，速さを $u + \delta u$，エンジンから噴射されるガスのロケットに相対的な速さを V とする．外力は働かないので運動量は保存する．また，燃焼ガスの座標系に対する速さは $u - V$ であることを考慮すると，

$$mu = (m + \delta m)(u + \delta u) + (-\delta m)(u - V)$$
$$m\delta u = -V\delta m \tag{8.45}$$

式 (8.45) の両辺を δt で割り $\delta t \to 0$ の極限をとると，

$$m\frac{du}{dt} = -V\frac{dm}{dt} \tag{8.46}$$

$t = 0$ におけるロケットの質量を m_s，燃料を使い終わるまでの時間を τ，$t = \tau$ におけるロケットの質量を m_f，単位時間あたりの燃料の消費量を αm_s とすると，

$$\frac{dm}{dt} = -m_s \alpha \tag{8.47}$$

式 (8.47) を初期条件 ($t = 0$ で $m = m_s$) のもとで解くと，

$$m = m_s(1 - \alpha t) \tag{8.48}$$

式 (8.48) を式 (8.46) に代入すると，

$$\frac{du}{dt} = \frac{V\alpha}{1 - \alpha t} \tag{8.49}$$

初期条件 ($t = 0$ で $u = u_s$) のもとで式 (8.49) を解くと，

$$u = u_s - V\log_e|1 - \alpha t| \tag{8.50}$$

式 (8.50) で $t = \tau$ とすると，

$$m_f = m_s(1 - \alpha \tau)$$
$$\therefore \quad \tau = \frac{1}{\alpha}\left(1 - \frac{m_f}{m_s}\right) \tag{8.51}$$

式 (8.50) で $t = \tau$ とし式 (8.51) を用いると，

$$u_f = u_s + V\log_e \frac{m_s}{m_f} \tag{8.52}$$

次に，鉛直上方に上昇するロケットの運動を論ずる．重力加速度の大きさを g とし空気抵抗は無視する．運動方程式は鉛直上方を x 軸の正の向きにとり，式 (8.47) の右辺に重力を付け加えればよい．

$$m\frac{du}{dt} = -V\frac{dm}{dt} - mg$$
$$\frac{du}{dt} = -\frac{V}{m}\frac{dm}{dt} - g \tag{8.53}$$

式 (8.47)，式 (8.48) を式 (8.53) に代入すると，

$$\frac{du}{dt} = \frac{V\alpha}{1-\alpha t} - g \tag{8.54}$$

初期条件 ($t=0$ で $u=0$) のもとで式 (8.54) を解くと，

$$u = -V\log_e|1-\alpha t| - \int_0^t g\,dt \tag{8.55}$$

$t = \tau$ では，

$$u_f = V\log_e \frac{m_s}{m_f} - \int_0^\tau g\,dt \tag{8.56}$$

となる．

演 習 問 題

8.1 乗員を含む質量が 1.50×10^3 kg の自動車が直線道路を時速 50.0 km で走っていた．運転手が前方に障害物を発見したため急ブレーキをかけたところ制動距離 50.0 m で停止した．ブレーキをかけた瞬間から駆動力は 0 になったとし，地面が自動車に及ぼす摩擦力は一定として次の小問に答えよ．
1) ブレーキをかけはじめてから静止するまでの時間と，その間の加速度を求めよ．
2) 運動方程式から，地面が自動車に及ぼす力を求めよ．
3) (運動量の変化) ＝ (力積) の式から，地面が自動車に及ぼす力を求めよ．
4) (運動エネルギーの変化) ＝ (外力がなした仕事) から，地面が自動車に及ぼす力を求めよ．

8.2 滑らかな水平面の x 軸上で，質量 $2m$ の円板 1 が正の方向に速さ $2v$ で運動しており，質量 $3m$ で同じ直径をもつ円板 2 が x 軸の負の方向に速さ v で運動していた．時刻 $t=0$ において 2 つの円板は衝突し，衝突後一体となって運動を続けた．
1) 衝突後の速さ v' を求めよ (運動方向も示すこと)．
2) 衝突によって失われた力学的エネルギーを求めよ．

8.3 滑らかな水平面の x 軸上を，質量 m の円板 1 が正の方向に速さ $2v$ で，質量 $2m$ で同じ直径をもつ円板 2 が負の方向に速さ v で運動しており，時刻 $t=0$ において 2 つの球は衝突した．衝突の前後で運動エネルギーは保存された．

1) 衝突後の円板 1 の速さ v_1 と円板 2 の速さを v_2 を求めよ (運動方向も示すこと)．
2) はね返り係数を求めよ．

8.4 滑らかな剛体壁から d 離れた床の上の点 O から，初速 V_0，仰角 θ で壁に向かって小球を射出した．小球が点 O に衝突するために V_0 が満たすべき条件を求めよ．ただし，壁面と小球とのはね返り係数を e，重力加速度の大きさを g とし，球は回転運動をしないとする．

8.5 線密度 η の鎖が，滑らかな床の上に一塊にして置いてある．鎖の先端をもって一定の速さ v で鉛直上方へ引き上げた．鎖の先端が床面から z の高さになったとき鎖を引き上げるのに必要な力 F を，次の小問を解くことによって求めよ．ただし鎖は十分に長いので，鎖を引き上げている間は鎖の他端が床の上にあるとし，重力加速度の大きさを g とせよ．

1) 鎖の先端の座標が z になったときの時刻を t とし，微小な時間増分 Δt 後の鎖の先端の座標を $z + \Delta z$ とする．$v, \Delta t, \Delta z$ の間に成り立つ関係式を書け．
2) 時刻 t において鎖のもつ運動量を記せ．
3) 時刻 $t + \Delta t$ において鎖のもつ運動量を記せ．
4) 微小な時間増分 Δt の間，力 F は一定とみなして力 F を求めよ．

9
角運動量方程式

この章ではニュートンの運動方程式の第3の変形を行う．えられる方程式は角運動量方程式と呼ばれ，物体の回転運動の尺度である角運動量の変化率と，物体を回転させる能力の尺度である力のモーメントの関係を与える．角運動量方程式は回転系や回転する物体の運動を論ずるときに有効である．系に働く力のモーメントが0のとき系の角運動量は保存される．これを角運動量保存則といい，重要な物理法則の1つである．

9.1 回転運動を記述する運動方程式

運動量形式の運動方程式は，

$$\frac{d\vec{p}}{dt} = \vec{F} \tag{9.1}$$

と記述される．式 (9.1) の両辺に質点の位置ベクトル $\vec{r}$ を外積すると，

$$\vec{r} \times \frac{d\vec{p}}{dt} = \vec{r} \times \vec{F} \tag{9.2}$$

ここで，

$$\frac{d}{dt}(\vec{r} \times \vec{p}) = \frac{d\vec{r}}{dt} \times \vec{p} + \vec{r} \times \frac{d\vec{p}}{dt} = \vec{v} \times m\vec{v} + \vec{r} \times \frac{d\vec{p}}{dt} = \vec{r} \times \frac{d\vec{p}}{dt}$$

したがって式 (9.2) は，

$$\frac{d\vec{L}}{dt} = \vec{N} \tag{9.3}$$

となる．式 (9.3) は角運動量方程式と呼ばれ，質点の回転運動を論ずるのに適した方程式である．ここで，

$$\vec{L} = \vec{r} \times \vec{p} = \begin{vmatrix} \hat{i} & \hat{j} & \hat{k} \\ x & y & z \\ p_x & p_y & p_z \end{vmatrix}$$

$$= \hat{i}(yp_z - zp_y) + \hat{j}(zp_x - xp_z) + \hat{k}(xp_y - yp_x) \tag{9.4}$$

$\vec{L}$ は角運動量と呼ばれるベクトルで，物体の回転運動の尺度である．角運動量は座標軸の正の方向から見て反時計回りのときに正，時計回りのときに負と定める．角運動量の単位は，

$$[L] = [\text{kg m s}^{-1}\text{m}] = [\text{N m s}] = [\text{J s}]$$

である．

$$\vec{N} = \vec{r} \times \vec{F} = \begin{vmatrix} \hat{i} & \hat{j} & \hat{k} \\ x & y & z \\ F_x & F_y & F_z \end{vmatrix}$$
$$= \hat{i}(yF_z - zF_y) + \hat{j}(zF_x - xF_z) + \hat{k}(xF_y - yF_x) \tag{9.5}$$

$\vec{N}$ は力のモーメント（トルク）と呼ばれるベクトルで，物体を回転される能力を表す物理量である．力のモーメントは座標軸の正の方向から見て反時計回りのときに正，時計回りのときに負となる．

式 (9.3) を x, y, z 成分に分けて書くと，

$$\frac{d}{dt}(yp_z - zp_y) = yF_z - zF_y \tag{9.6}$$

$$\frac{d}{dt}(zp_x - xp_z) = zF_x - xF_z \tag{9.7}$$

$$\frac{d}{dt}(xp_y - yp_x) = xF_y - yF_x \tag{9.8}$$

力のモーメントの単位は，

$$[N] = [\text{Nm}] = [\text{J}]$$

である．

9.2 力のモーメントと角運動量

9.2.1 力のモーメント

位置ベクトル $\vec{r}$ と力 $\vec{F}$ が xy 平面上の 2 次元ベクトルのとき，点 O の周りの力のモーメントは，

$$\vec{N} = \vec{r} \times \vec{F} = \hat{k}(xF_y - yF_x) = \hat{k}d|\vec{F}|$$

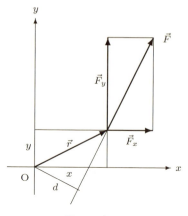

図 9.1 力のモーメント

$$= \begin{vmatrix} \hat{i} & \hat{j} & \hat{k} \\ x & y & 0 \\ F_x & F_y & 0 \end{vmatrix}$$

と表せる (図 9.1). 点 O の周りの力のモーメントの大きさは $\vec{r}$ と $\vec{F}$ を 2 辺とする平行四辺形の面積で，向きは z 軸の正の向きである．あるいは，力のモーメントの大きさは，力の大きさ $|\vec{F}|$ と力の作用線に点 O から下ろした垂線の足の長さ (腕の長さ) d との積として表せる．あるいは，力のモーメントの大きさは，力を $\vec{F}$ を x 方向と y 方向に分解したとき，それぞれの力の点 O の周りの力のモーメントの和 $(xF_y - yF_x)$ であると解釈することもできる．

偶力

作用線が平行で，大きさが等しく向きが反対の一対の力 $\vec{F}$, $-\vec{F}$ を偶力という．作用線間の距離を h とし，2 力を含む平面上の任意の点 O の周りの偶力のモーメントの大きさを求める．点 O から力 $\vec{F}$ の作用線までの距離を h_1, 力 $-\vec{F}$ の作用線までの距離を h_2 とすると，

$$|\vec{N}| = |Fh_1 - Fh_2| = |F(h_1 - h_2)|$$
$$= Fh \tag{9.9}$$

となる．

問 1 偶力の例を挙げよ．

9.2.2 角運動量

位置ベクトル $\vec{r}$ と運動量 $\vec{p}$ が xy 平面上の 2 次元ベクトルのとき，点 O の周りの角運動量 (図 9.2) は，

$$\vec{L} = \vec{r} \times \vec{p} = \hat{k}(xp_y - yp_x) = \hat{k}d|\vec{p}|$$

$$= \begin{vmatrix} \hat{i} & \hat{j} & \hat{k} \\ x & y & 0 \\ p_x & p_y & 0 \end{vmatrix}$$

点 O の周りの角運動量の大きさは $\vec{r}$ と $\vec{p}$ を 2 辺とする平行四辺形の面積で，向きは z 軸の正方向である．あるいは，角運動量の大きさは，運動量の大きさ $|\vec{p}|$ と $\vec{p}$ を含む直線に点 O から下ろした垂線の長さ (腕の長さ) d との積である．あるいは位置ベクトル $\vec{r}$ と運動量 $\vec{p}$ を x 方向と y 方向に分解してベクトル積をとると，

$$\vec{L} = (\hat{i}x + \hat{j}y) \times (\hat{i}p_x + \hat{j}p_y)$$
$$= \hat{i}x \times \hat{j}p_y + \hat{j}y \times \hat{i}p_x$$

となる．これは x 方向と y 方向の運動量に伴う角運動量の和と解釈することもできる．

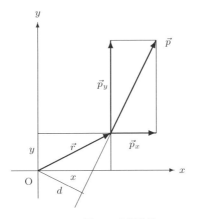

図 9.2 角運動量

等速円運動の角運動量

質量 m の質点が，点 O を中心とする半径 r の円周上を一定の角速度 ω で等速円運動している．この質点の点 O の周りの角運動量の大きさは，接線方向の速さが，

$$v = r\omega$$

となることを考慮すると，

$$L = mrv = mr^2\omega \tag{9.10}$$

となる．

9.3 中心力と角運動量保存則

式 (9.3) から明らかなように，回転系において外力が働かなければ角運動量は一定に保たれる．これを "角運動量保存則" という．外力が働く場合でも，力の作用線が常にある固定点を通るならば，その点の周りの力のモーメントは 0 となり角運動量は保存される．このような力に中心力がある．中心力はこの条件のほかに力の大きさが固定点と質点の距離 r のみの関数であるという性質を有する．

例題 1 中心に穴がある水平で滑らかな台の上で，ひもの一端に質量 m の球をつけ，ひもの他端を穴に通して鉛直下方に引っ張る．球が半径 r_0，速さ v_0 の等速円運動をするようひもの張力を調整する．球と台，ひもと台の間には摩擦はないものとして次の小問に答えよ．
1) ひもを静かに引っ張り，半径が r_1 になったところで止めた．円運動の速さ v_1 を r_0, r_1, v_0 で表せ．
2) 運動エネルギーの変化を求めよ．
3) 半径 r_0 から半径 r_1 までひもを引っ張るとき，張力がなした仕事を求めよ．
4) 角速度の変化を r_0, r_1, v_0 で表せ．

解
1) ひもを引っ張る力は中心力なので角運動量保存則が成り立つ．

$$mv_0 r_0 = mv_1 r_1$$
$$v_1 = \frac{r_0}{r_1} v_0$$

2) 半径 r_0 における運動エネルギーを K_0，半径 r_1 における運動エネルギーを K_1

とすると，
$$K_1 - K_0 = \frac{1}{2}mv_1^2 - \frac{1}{2}mv_0^2 = \frac{1}{2}mv_0^2\left\{\left(\frac{r_0}{r_1}\right)^2 - 1\right\}$$

3) 半径 r における円運動の速さを v とすると，
$$v = \frac{r_0}{r}v_0$$
半径 r，速さ v の等速円運動をするために必要な向心力 F_{cp} は，
$$F_{cp} = m\frac{v^2}{r} = m\frac{r_0^2 v_0^2}{r^3}$$
半径 r_0 から半径 r_1 まで力 F_{cp} で球を動かす仕事は，
$$W = \int_{r_0}^{r_1} F_{cp}(-dr) = \int_{r_0}^{r_1} m\frac{r_0^2 v_0^2}{r^3}(-dr)$$
$$= mr_0^2 v_0^2 \left[\frac{1}{2r^2}\right]_{r_0}^{r_1} = \frac{1}{2}mv_0^2\left\{\left(\frac{r_0}{r_1}\right)^2 - 1\right\} = K_1 - K_0$$

4) 半径 r_0 における角速度を ω_0，半径 r_1 における角速度を ω_1 とすると，
$$\omega_0 = \frac{v_0}{r_0}, \quad \omega_1 = \frac{v_1}{r_1} = \frac{1}{r_1}\frac{r_0 v_0}{r_1} = \left(\frac{r_0}{r_1}\right)^2 \omega_0$$
$$\Delta\omega = \omega_1 - \omega_0 = \left(\frac{1}{r_1^2} - \frac{1}{r_0^2}\right)r_0 v_0$$

9.4 質点系の角運動量方程式

前節までの議論を n 個の質点からなる系に適用する．式 (7.1) の両辺に質点の位置ベクトル $\vec{r}_i$ を外積し，i について 1 から n まで足し合わせると，

$$\sum_{i=1}^{n} \vec{r}_i \times \frac{d\vec{p}_i}{dt} = \sum_{i=1}^{n} \vec{r}_i \times \vec{F}_i + \sum_{i=1}^{n}\sum_{j=1}^{n} \vec{r}_i \times \left(\vec{F}_{ij} - \delta_{ij}\vec{F}_{ij}\right) \quad (9.11)$$

質点 i と質点 j が及ぼし合う力に関する力のモーメントの和を考える．両者が及ぼし合う力は作用反作用の法則により，
$$\vec{F}_{ij} = -\vec{F}_{ji}$$
であるので，
$$\vec{r}_i \times \vec{F}_{ij} + \vec{r}_j \times \vec{F}_{ji} = (\vec{r}_i - \vec{r}_j) \times \vec{F}_{ij} = 0 \quad (9.12)$$

となる.なぜなら，$\vec{r}_i - \vec{r}_j$ は質点 j から質点 i への位置ベクトルであり $\vec{F}_{ij}$ とは同一直線上にあるためである.したがって，任意の 2 質点の及ぼし合う力に伴う力のモーメントは 0 となり，式 (9.11) の右辺第 2 項は 0 となるので，

$$\frac{d}{dt}\sum_{i=1}^{n}\vec{r}_i \times \vec{p}_i = \sum_{i=1}^{n}\vec{r}_i \times \vec{F}_i$$

$$\frac{d}{dt}\sum_{i=1}^{n}\vec{L}_i = \sum_{i=1}^{n}\vec{N}_i \tag{9.13}$$

すなわち，質点系の全角運動量の時間変化は，外力が系に及ぼす力のモーメントの総和に等しく，外力の力のモーメントが 0 ならば質点系の全角運動量は保存する (角運動量保存則).

9.5 剛体のつり合い

2 次元平面上で運動する剛体は，平面内の併進運動と平面に垂直な軸の周りの回転運動の 3 つの運動の自由度を有する.したがって，運動が 2 次元平面に制限された剛体が静止状態にあれば，平面内の力のベクトルの和が 0 になるという条件と，剛体に働く力のモーメントの和が 0 になるという条件を満たさねばならない.この節では，剛体が静止状態にあるための条件を論ずる.

9.5.1 剛体が静止するための条件

剛体が運動する平面を xy 平面とする.

1) 剛体が xy 平面で併進運動をしないための条件は，剛体に働く力の和が 0 になることである.すなわち，

$$\sum_{i=1}^{n}\vec{F}_i = 0 \tag{9.14}$$

力を成分に分けると，

$$\sum_{i=1}^{n}F_{xi} = 0, \quad \sum_{i=1}^{n}F_{yi} = 0 \tag{9.15}$$

2) 次に，剛体が xy 平面内で回転運動をしないための条件は，任意の点 P の周りの力のモーメントの z 成分の和が 0 になることである.すなわち，

$$\sum_{i=1}^{n} N_{zi} = 0 \tag{9.16}$$

点 P を座標原点にとれば,力のモーメントの z 成分は,

$$\hat{k} \cdot \vec{N} = \hat{k} \cdot (\vec{r} \times \vec{F}) = \hat{k} \cdot \begin{vmatrix} \hat{i} & \hat{j} & \hat{k} \\ x & y & 0 \\ F_x & F_y & F_z \end{vmatrix}$$

$$= xF_y - yF_x$$

である.したがって,式 (9.16) は,

$$\sum_{i=1}^{n} (x_i F_{yi} - y_i F_{xi}) = 0 \tag{9.17}$$

となる.式 (9.15), (9.17) は剛体が静止するための条件である.

9.5.2 剛体のつり合いに関する例題

例題 2 長さ L, 質量 M の一様なはしごが壁に立てかけてある (図 9.3). 壁とはしごの上端との摩擦は無視でき,床とはしごの下端との間の静止摩擦係数を μ とする.はしごが滑らないために床面とはしごがなす角 θ が満たすべき条件を求めよ.ただし,重力加速度の大きさを g とせよ.

解 壁面に沿って鉛直上方を y 軸,壁に垂直な方向を x 軸とする.床面の垂直抗力を N_1, 壁面の垂直抗力を N_2, 床面の水平抗力を R とすると,x 方向と y 方向の力のつり合いは,

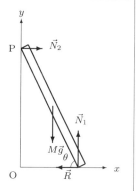

図 **9.3** 壁に立てかけたはしごのつり合い

$$N_2 - R = 0, \quad N_1 - Mg = 0 \tag{9.18}$$

次に,はしごが床面に接する点の周りの力のモーメントのつり合いは,

$$\frac{1}{2} L \cos\theta Mg - L \sin\theta N_2 = 0 \tag{9.19}$$

式 (9.19) より,

$$\tan\theta = \frac{Mg}{2N_2} \tag{9.20}$$

はしごが滑らないための条件は，
$$R \leq \mu M g \tag{9.21}$$
式 (9.18)，(9.20)，(9.21) より，
$$\theta = \tan^{-1} \frac{Mg}{2R} \geq \tan^{-1} \frac{1}{2\mu} \tag{9.22}$$

例題 3 質量 M，半径 a 高さ $6a$ の一様な円柱の底面から $3a$ のところにたるみがないようにひもを回して円筒の側面の点 R で止め，ひもの他端を滑らかで鉛直な壁面の点 P にとりつけたところ，円柱の側面と壁面とは θ の角をなして静止した (図 9.4)．ひも RP の長さが $3a$ のときの角 θ を求めよ．ただし，重力加速度の大きさを g とせよ．

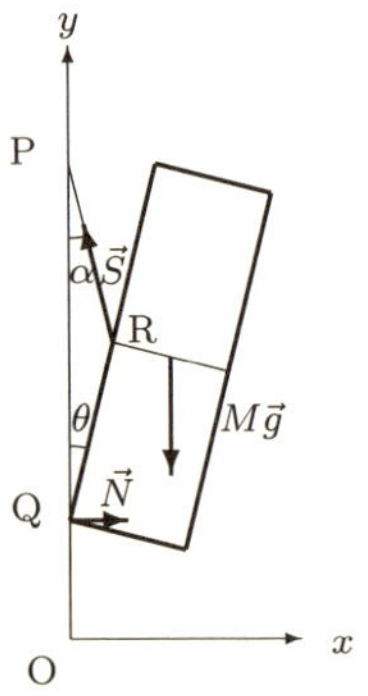

解 壁面に垂直な向きに x 軸，壁面上方に y 軸をとる．円柱が壁面と接する点を Q，ひもの張力を S，点 Q における壁面の垂直抗力を N，∠RPQ を α とする．
x 方向の力のつり合いは，
$$N - S \sin \alpha = 0 \tag{9.23}$$

図 9.4 壁につるした円柱のつり合い

y 方向の力のつり合いは，
$$S \cos \alpha - Mg = 0 \tag{9.24}$$
点 Q の周りの力のモーメントのつり合いは，
$$S \sin \alpha \, 3a \cos \theta + S \cos \alpha \, 3a \sin \theta - Mg(3a \sin \alpha + a \cos \theta) = 0 \tag{9.25}$$
三角形 RPQ は二等辺三角形なので $\alpha = \theta$ となる．式 (9.24) を式 (9.25) に代入すると，
$$3a \sin \theta + 3a \sin \theta - (3a \sin \theta + a \cos \theta) = 0$$
$$\therefore \quad \theta = \tan^{-1} \frac{1}{3} = 18.4°$$

例題 4 内径 a の半球殻を図 9.5 のように縁を水平に保って固定する．質量 M，長さ $2l$ $(a < l < 2a)$ の一様な棒の一端を球面に当て棒の側面を縁に置いたところ，棒は水平面と θ の角をなして静止した．角 θ を求めよ．ただし，球面と棒は滑らかであり，重力加速度の大きさを g とせよ．

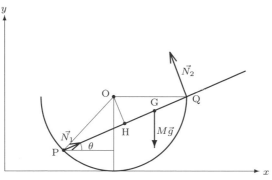

図 9.5 半球殻に差し入れた棒のつり合い

解 球面の中心を O，棒が球面と接する点を P，棒が球殻の縁と接する点を Q とし，O から棒に下ろした垂線の足を H とする．水平方向に x 軸，鉛直上方に y 軸をとる．点 P と点 Q で棒に働く抗力を N_1，N_2 とする．球面は滑らかなので N_1 は棒に沿う方向に，N_2 は棒に垂直に働く．

x 方向の力のつり合いは，
$$N_1 \cos\theta - N_2 \sin\theta = 0 \tag{9.26}$$

y 方向の力のつり合いは，
$$N_1 \sin\theta - Mg + N_2 \cos\theta = 0 \tag{9.27}$$

点 P の周りの力のモーメントのつり合いは，
$$N_2 2a \cos\theta - Mgl \cos\theta = 0 \tag{9.28}$$

式 (9.27) − 式 (9.28)/$l\cos\theta$ を求めると，
$$\sin\theta N_1 + \left(\cos\theta - \frac{2a}{l}\right) N_2 = 0 \tag{9.29}$$

式 (9.26)，(9.29) から N_1, N_2 が有意な解をもつための必要条件は，
$$\begin{vmatrix} \cos\theta & -\sin\theta \\ \sin\theta & \cos\theta - \frac{2a}{l} \end{vmatrix} = 0$$

$$\cos^2\theta - \frac{2a}{l}\cos\theta + \sin^2\theta = 0$$

$$\therefore \quad \theta = \cos^{-1}\frac{l}{2a} \tag{9.30}$$

問2 例題 4 で $2l = 3a$ および $2l = 3.5a$ のとき, θ は何度になるか.

演 習 問 題

9.1 滑らかな水平面上で, 伸縮性がなく質量が無視できる長さ l のひもの先端に, 大きさが無視できる質量 m のおもり 1 を取り付け, さらにその先に質量 $2m$ のおもり 2 を取り付ける. ひもの他端を面上の点 O に固定して, おもりを水平面内で接線速度 v で等速円運動させる. あるとき質量 $2m$ のおもりを静かに切り離した. 次の小問に答えよ.
  1) 質量 $2m$ のおもりを切り離した後の接線速度の大きさ v' を求めよ.
  2) おもりを切り離す前の系の運動エネルギーと, おもり 2 を切り離した後の系の運動エネルギーを求めよ.

9.2 質量 M, 半径 a の円板が, 運動摩擦係数 μ の水平面上で円の中心を通る鉛直軸の周りを角速度 ω で反時計回りに回転している.
  1) 円板に働く力のモーメント N を求めよ. ただし, 重力加速度の大きさを g とせよ.
  2) 円板のもつ角運動量を求めよ.
  3) 角運動量方程式を書け.
  4) 時刻 0 における角速度を ω_0 として, 時刻 t における角速度 ω を求めよ. 次に, 円板が静止するまでの時間 τ を求めよ.

9.3 内径 a, 高さ $L(>2l)$ の円筒容器を水平面上におく. 太さが無視できる質量 M, 長さ $2l$ の一様な棒の一端を円筒容器の内壁にあて, 棒の側面を容器の縁にもたせかけたところ, 棒は水平面と θ の角をなして静止した. 円筒容器の内面や縁は滑らかで棒との間に摩擦力は働かないとして次の問に答えよ.
  1) 角 θ を求めよ.
  2) $l = 3a$ のとき θ は何度になるか.

10
剛体の運動

剛体に外力が働くとき，剛体は一般に併進運動と回転運動を行う．併進運動に関しては，剛体の質量中心の運動は質点の運動と同様に取り扱えることを第8章で示した．回転運動に関しては，角運動量方程式を変形して剛体運動に適した形式にする．式変形の過程で慣性モーメントという物理量が登場する．慣性質量が大きい物体ほど等速度運動を維持しようとする性質が強いように，慣性モーメントの大きい物体ほど回転運動を維持しようとする性質が強い．

10.1 固定軸のまわりの回転運動

剛体とは外力を加えても変形しない物体であるため，剛体の回転運動については角運動量方程式をさらに簡易な形にすることができる．

10.1.1 接線速度と角速度

Oを曲率中心とする曲率半径rの軌道上を質量mの質点が運動している．時刻tに点Pにあった物体が時刻$t+\Delta t$には点Qに移動した．P，Q間の距離をΔs，$\angle$POQを$\Delta \theta$とすると，接線速度の大きさvは，

$$v = \lim_{\Delta t \to 0} \frac{\Delta s}{\Delta t} = \frac{ds}{dt} \tag{10.1}$$

一方，角速度の大きさωは，角度の時間変化率であり，

$$\omega = \lim_{\Delta t \to 0} \frac{\Delta \theta}{\Delta t} = \frac{d\theta}{dt} \tag{10.2}$$

となる．幾何学的な関係から，

$$\Delta s = r\Delta \theta \tag{10.3}$$

式 (10.3) の両辺を Δt で割り，$\Delta t \to 0$ の極限をとると，

$$v = r\omega \tag{10.4}$$

角速度はベクトル量であり，その向きは右ネジを回すときにネジの進む向きと定める．したがって，式 (10.4) をベクトル表記すると，

$$\vec{v} = \vec{\omega} \times \vec{r} \tag{10.5}$$

また，角速度の時間変化率 γ を角加速度といい，その大きさは，

$$\gamma = \frac{d\omega}{dt} = \frac{d^2\theta}{dt^2} \tag{10.6}$$

となる．

10.1.2 剛体の回転運動

互いの相対位置が変化することのない n 個の質点系があり，固定軸の周りを角速度 ω で回転している．固定軸を z 軸に選ぶと，i 番目の質点の回転運動は角運動量方程式 (9.3) の z 成分，

$$\hat{k} \cdot \frac{d\vec{L_i}}{dt} = \hat{k} \cdot \vec{N_i} \tag{10.7}$$

で記述される．図 10.1 に示すように，点 P にある質点 i の質量を m_i，位置ベクトルを $\vec{r_i}$，点 P から z 軸に下ろした垂線の足を P′，P′ を始点とし P を終点とす

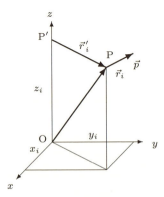

図 10.1 剛体の角運動量

るベクトルを $\vec{r}_i'$ とすると $\vec{r}_i = \vec{r}_i' + z_i\hat{k}$ なので，質点 i の運動量は，

$$\vec{p}_i = m_i\vec{v}_i = m_i\vec{\omega} \times \vec{r}_i = m_i\vec{\omega} \times \vec{r}_i'$$

したがって，質点 i の角運動量は，

$$\vec{L}_i = \vec{r}_i \times \vec{p}_i = (\vec{r}_i' + z_i\hat{k}) \times m_i(\vec{\omega} \times \vec{r}_i') = m_i r_i'^2 \vec{\omega} - m_i \omega z_i \vec{r}_i'$$

式の変形過程で，次のベクトル恒等式と $\vec{r}_i'$ と $\vec{\omega}$ が直交していることを用いた．

$$\vec{A} \times (\vec{B} \times \vec{C}) = \vec{B}(\vec{C} \cdot \vec{A}) - \vec{C}(\vec{A} \cdot \vec{B})$$

角運動量 $\vec{L}_i$ の z 成分は，

$$\hat{k} \cdot \vec{L}_i = m_i r_i'^2 \omega \tag{10.8}$$

式 (10.8) を式 (10.7) に代入すると，

$$m_i r_i'^2 \frac{d\omega}{dt} = N_{zi} \tag{10.9}$$

式 (10.9) を $i = 1$ から n まで足し合わせると，

$$I\frac{d\omega}{dt} = \sum_{i=1}^{n} N_{zi} \tag{10.10}$$

ここで，

$$I = \sum_{i=1}^{n} m_i r_i'^2 \tag{10.11}$$

I は慣性モーメントと呼ばれる物理量で，慣性モーメントの大きな質点系ほど現在の回転状態を維持しようとする性質がある．質量が連続的に存在する剛体で慣性モーメントを求めるには，式 (10.11) において総和記号を積分記号に置き換えればよい．

$$I = \int_V \rho r'^2 dv \tag{10.12}$$

ここで，ρ は密度を表し，一般に位置座標の関数である．慣性モーメントを求めるときには，対象とする剛体の形状に応じた座標系 (デカルト座標，円筒座標，球面極座標) を用いればよい．

例題 1 長さ l の一様な剛体の棒があり,その一端 O から $\frac{1}{3}l$, $\frac{1}{2}l$, l のところに質量 m の質点を取り付ける.この系の,棒に垂直で O を通る回転軸の周りの慣性モーメントを求めよ.

解 慣性モーメントは式 (10.11) より,
$$I = m\left(\frac{l}{3}\right)^2 + m\left(\frac{l}{2}\right)^2 + ml^2 = \frac{49}{36}ml^2$$

10.1.3 さまざまな形状をした剛体の慣性モーメント

この小節ではさまざまな形状をした剛体の慣性モーメントを求める.

一様な厚さの円板

半径 a,質量 M の一様な面密度 σ をもつ円板の,円の中心を通り円板に垂直な固定軸の周りの慣性モーメントを求める.形状が円なので,固定軸を z 座標とする円筒座標を用いる.ある位置 (r, θ) における面積要素は $rd\theta dr$,腕の長さは r なので,

$$\begin{aligned} I &= \sigma \int_0^{2\pi} \int_0^a r^2 r dr d\theta \\ &= 2\sigma\pi \int_0^a r^3 dr = 2\sigma\pi \left[\frac{1}{4}r^4\right]_0^a = \frac{1}{2}\sigma\pi a^4 = \frac{1}{2}Ma^2 \end{aligned} \quad (10.13)$$

ここで,$M = \sigma\pi a^2$ を用いた.

問 1 太さが無視できる長さ l,質量 M の棒がある.棒の中心を通り棒に垂直な回転軸の周りの慣性モーメントを求めよ.

問 2 太さが無視できる長さ l,質量 M の棒がある.棒の端を通り棒に垂直な回転軸の周りの慣性モーメントを求めよ.

円柱 – 固定軸が円の中心を通り円に垂直な場合

半径 a,高さ d,質量 M の一様な密度 ρ をもつ円柱の,円の中心を通り円に垂直な固定軸の周りの慣性モーメントを求める.形状が円柱なので,固定軸を z 座標とする円筒座標を用いる.ある位置 (r, θ, z) における体積要素は $dv = rd\theta dr dz$,腕の長さは r なので,

$$I = \rho \int_0^d \int_0^{2\pi} \int_0^a r^2 dr d\theta dz$$

$$= 2\rho d\pi \int_0^a r^3 dr = 2\rho d\pi \left[\frac{1}{4}r^4\right]_0^a = \frac{1}{2}\rho d\pi a^4 = \frac{1}{2}Ma^2 \qquad (10.14)$$

ここで，$M = \rho\pi a^2 d$ を用いた．

円柱 – 固定軸が質量中心を通り側面に垂直な場合

半径 a，高さ d，質量 M の一様な密度 ρ をもつ円柱の，円柱の質量中心を通り側面に垂直な固定軸の周りの慣性モーメントを求める．形状が円柱なので，中心軸を z 座標とする円筒座標を用いる．ある位置 $P(r, \theta, z)$ における体積要素は $dv = rd\theta drdz$，腕の長さは $r' = \sqrt{(r\sin\theta)^2 + z^2}$ なので (図 10.2)，

$$\begin{aligned}
I &= \rho \int_{-d/2}^{d/2} \int_0^{2\pi} \int_0^a \{(r\sin\theta)^2 + z^2\} rdrd\theta dz \\
&= \rho d \int_0^{2\pi} \int_0^a \left(\frac{1-\cos 2\theta}{2}\right) r^3 drd\theta + \rho \left[z^3\right]_{-d/2}^{d/2} \int_0^{2\pi} \int_0^a rdrd\theta dz \\
&= \rho d \frac{1}{2}\left[\theta - \frac{1}{2}\sin 2\theta\right]_0^{2\pi} \int_0^a r^3 dr + \frac{1}{12}\rho d^3 \left[\theta\right]_0^{2\pi} \int_0^a rdr \\
&= \frac{1}{4}\rho\pi da^4 + \frac{1}{12}\rho\pi d^3 a^2 = \frac{1}{4}Ma^2 + \frac{1}{12}Md^2 \qquad (10.15)
\end{aligned}$$

ここで，$M = \rho\pi a^2 d$ を用いた．

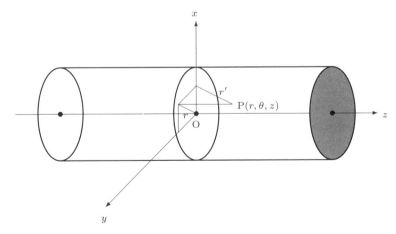

図 10.2 回転軸が側面に垂直な場合の円柱の慣性モーメント

一様な密度の球

半径 a, 質量 M の一様な密度 ρ をもつ球の, 球の中心を通る固定軸の周りの慣性モーメントを求める. 座標として球面極座標を用い, 回転軸を z 座標にとる. ある位置 (r, ϕ, θ) における体積要素は $dv = r^2 \cos\theta d\phi d\theta$ で, 腕の長さは $r\cos\theta$ なので,

$$I = \rho \int_{-\pi/2}^{\pi/2} \int_0^{2\pi} \int_0^a (r\cos\theta)^2 r^2 \cos\theta dr d\phi d\theta$$

$$= \rho \int_{-\pi/2}^{\pi/2} \int_0^{2\pi} \int_0^a (\cos\theta)^3 r^4 dr d\phi d\theta$$

$$\int_{-\pi/2}^{\pi/2} (\cos\theta)^3 d\theta = \int_{-\pi/2}^{\pi/2} (1 - \sin^2\theta) \cos\theta d\theta$$

$$= \left[\sin\theta - \frac{1}{3}\sin^3\theta \right]_{-\frac{\pi}{2}}^{\frac{\pi}{2}} = 2 - \frac{2}{3} = \frac{4}{3}$$

ゆえに,

$$I = \frac{4}{3}\rho \int_0^{2\pi} \int_0^a r^4 dr d\theta = \frac{8}{3}\rho\pi \int_0^a r^4 dr$$

$$= \frac{8}{3}\rho\pi \frac{1}{5}\left[r^5\right]_0^a = \frac{4}{3}\frac{2}{5}\pi\rho a^5 = \frac{2}{5}Ma^2 \tag{10.16}$$

ここで, $M = \frac{4}{3}\rho\pi a^3$ を用いた.

10.1.4 質量中心を通らない回転軸周りの慣性モーメント

質量 M の剛体の質量中心 G から l の距離にある回転軸の周りの慣性モーメント I を求める. G から回転軸に下ろした垂線の足を O, 回転軸と平行で G を通る軸の周りの慣性モーメントを I_0 とする. 座標はデカルト座標系を用い, O を原点, O から G の向きに y 座標, 回転軸を z 座標, そして x 軸は右手系をなすように定める (図 10.3). 式 (10.12) より,

$$I_0 = \iiint \rho\{x^2 + (y-l)^2\} dx dy dz$$

$$= \iiint \rho\{x^2 + y^2 - 2ly + l^2\} dx dy dz$$

$$= \iiint \rho(x^2 + y^2) dx dy dz - 2l \iiint \rho y dx dy dz + l^2 \iiint \rho dx dy dz$$

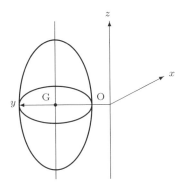

図 10.3 質量中心を通らない回転軸周りの慣性モーメント

$$= I - 2lYM + l^2M = I - Ml^2 \quad (Y = l)$$

$$\therefore \quad I = I_0 + Ml^2 \tag{10.17}$$

ここで，Y は質量中心の y 座標である．

10.1.5 実体振子

水平な固定軸 O の周りで振動する剛体を実体振子という．質点系の力学で取り扱った単振子は，質量が無視できる糸の先端に質量 m のおもりを取り付けて微小振動させる仮想的な振子であった．しかし現実の振子は慣性モーメントをもっているので，剛体の回転運動の式 (10.12) を適用して運動を論ぜねばならない．慣性モーメントを I，質量を M，質量中心を G とし，GO の長さが l の実体振子の回転運動の方程式は，GO と鉛直線がなす角を θ とすると，

$$I\frac{d^2\theta}{dt^2} = -Mgl\sin\theta \tag{10.18}$$

角 θ が十分に小さければ，$\sin\theta \simeq \theta$ とおけるので，式 (10.18) は，

$$\frac{d^2\theta}{dt^2} + \frac{Mgl}{I}\theta = 0 \tag{10.19}$$

式 (10.19) の一般解は，

$$\theta = \hat{\theta}\cos\left(\sqrt{\frac{Mgl}{I}}t - \theta_0\right) \tag{10.20}$$

ここで $\hat{\theta}$ は振幅，θ_0 は初期位相を表す．周期 T は，

$$T = 2\pi \sqrt{\frac{I}{Mgl}} \tag{10.21}$$

で与えられる．

10.1.6 ボルダの振子

重力加速度の大きさは地球の形状や地殻構造を反映するため，地球物理学的に，また資源探査の上で重要な物理量である．このため世界各地で重力加速度の大きさの測定が行われているが，その測定方法の 1 つにボルダの振子による重力加速度の測定がある [*1]．ボルダの振子とは，長さ l の細いピアノ線の先端に質量 M，半径 a の金属球を取り付け，他端はナイフエッジと呼ばれる水平面との接触面積がきわめて小さな支点に取り付けた実体振子である．ピアノ線の線密度を η とすると，ボルダの振子の慣性モーメントは，式 (10.18) より，

$$I = \frac{2}{5}Ma^2 + \frac{1}{3}\eta l^3 + Ml^2 \tag{10.22}$$

となる．一般に，第 2 項は他の項に較べて十分小さいので無視する．

問 3 ボルダの振子実験では，ピアノ線の慣性モーメントを無視することが通例である．重力加速度の大きさを有効数字 4 桁まで求めようとするとき，この近似は妥当か．ただし，金属球の質量 $M = 2.155 \times 10^{-1}$ kg，半径 $a = 2.020 \times 10^{-2}$ m，ピアノ線の線密度は $\eta = 6.147 \times 10^{-4}$ kg m^{-1}，長さ $l = 1.120$ m であった．

10.2 剛体の平面運動

この節では，すべての外力が剛体の質量中心を通る 2 次元平面 (xy 平面) 内で働き，剛体は xy 平面内の併進運動と z 軸周りの回転運動の 3 つの運動の自由度を有する場合について議論する．

10.2.1 運動を支配する方程式

質量中心の併進運動

質点系や剛体の質量中心の運動は，質点の運動と同様に取り扱えることを 7.1

[*1] 最近では時計の計時精度が著しく向上したので，重力加速度は真空中で物体を落下させ落下時間と落下距離を測定することによって行われている．ボルダの振子による重力加速度の測定は専ら学生実験のテーマとなっている．

節で述べた．運動方程式は式 (10.8) の x 成分と y 成分であり，

$$M\frac{d^2X}{dt^2} = \sum_{i=1}^{n} F_{ix} \tag{10.23}$$

$$M\frac{d^2Y}{dt^2} = \sum_{i=1}^{n} F_{iy} \tag{10.24}$$

ここで，(X, Y) は質量中心の位置座標である．

角運動量方程式

回転運動の z 成分に関する方程式は式 (10.12) であり，

$$I\frac{d\omega}{dt} = \sum_{i=1}^{n} N_{iz} = N_z \tag{10.25}$$

剛体のエネルギー方程式

固定軸の周りを角速度 ω で回転する剛体の，微小体積要素 δv のもつ運動エネルギーは，ρ を剛体の密度とすると，

$$\Delta K = \frac{1}{2}\rho \delta v v^2 = \frac{1}{2}\rho \delta v (r\omega)^2 \tag{10.26}$$

である．式 (10.26) を剛体全体にわたって積分すると，

$$K = \int_V \Delta K = \frac{1}{2}\omega^2 \int_V \rho r^2 dv = \frac{1}{2}I\omega^2 \tag{10.27}$$

式 (10.25) の両辺に ω をかけて式を変形すると，

$$\frac{d}{dt}\left(\frac{1}{2}I\omega^2\right) = \omega N_z = \frac{d}{dt}(N_z \theta) \tag{10.28}$$

式 (10.28) を時刻 t_1 から時刻 t_2 まで積分すると，

$$K(t_2) - K(t_1) = N_z\{\theta(t_2) - \theta(t_1)\} = W(t_2) - W(t_1) \tag{10.29}$$

$W = N_z \theta$ は仕事の回転運動に対する表現形式である．

10.2.2 平面上を滑らずに転がる剛体の運動

平面上で質量 M，慣性モーメント I，半径 a の円柱 (または円筒，球，球殻) が，滑らずに転がる運動を考える．円柱の質量中心を G，平面との接点を P，質量中心の併進の速さを V とする．この剛体運動の運動エネルギーを求める．円柱の回

転角速度を ω とすると,点 P で滑りが起こらないという条件から,

$$a\omega = V$$

全運動エネルギーは,併進の運動エネルギーと回転の運動エネルギーの和なので,

$$K = \frac{1}{2}MV^2 + \frac{1}{2}I\omega^2 = \frac{1}{2}\left(M + \frac{I}{a^2}\right)V^2 \tag{10.30}$$

10.2.3　斜面上を滑らずに転がり落ちる剛体の運動

　水平面と角度 β をなす斜面上を,質量 M,慣性モーメント I,半径 a の円柱(または円筒,球,球殻)が,転がり落ちる場合を考える.剛体に働く力は重力 Mg,垂直抗力 N,そして摩擦力 R である.斜面に沿って下方に x 軸,斜面に垂直かつ斜め上方に y 軸をとる.x 方向と y 方向の運動方程式は,

$$M\frac{d^2X}{dt^2} = Mg\sin\beta - R \tag{10.31}$$

$$0 = N - Mg\cos\beta \tag{10.32}$$

角運動量方程式は,

$$I\frac{d^2\theta}{dt^2} = aR \tag{10.33}$$

接点で滑らないための条件は,

$$V = a\omega, \quad \frac{dX}{dt} = a\frac{d\theta}{dt}$$

両辺を t で微分すると,

$$\frac{d^2X}{dt^2} = a\frac{d^2\theta}{dt^2} \tag{10.34}$$

式 (10.31),(10.33) から R を消去し,式 (10.34) を用いると,

$$\frac{d^2X}{dt^2} = \frac{1}{1+\frac{I}{Ma^2}}g\sin\beta \tag{10.35}$$

摩擦のない斜面を剛体が滑り落ちるときの加速度は $g\sin\beta$ である.剛体が斜面を滑らずに転がり落ちるとき,質量中心の落下加速度はその $\frac{1}{1+\frac{I}{Ma^2}}$ 倍である.すなわち,慣性モーメントの小さな剛体ほど落下加速度が大きいため速く転がり落ちる.さまざまな形状をした剛体の慣性モーメントと斜面を転がり落ちる加速度

表 10.1 さまざまな形状をした剛体の斜面落下加速度

剛体の形状	慣性モーメント	斜面落下加速度
薄い円筒	Ma^2	$\frac{1}{2}g\sin\beta$
薄い球殻	$\frac{2}{3}Ma^2$	$\frac{3}{5}g\sin\beta$
円柱	$\frac{1}{2}Ma^2$	$\frac{2}{3}g\sin\beta$
球	$\frac{2}{5}Ma^2$	$\frac{5}{7}g\sin\beta$

を表 10.1 に示す．摩擦力は式 (10.31)，(10.35) より，

$$R = Mg\sin\beta - M\frac{d^2X}{dt^2} = Mg\sin\beta\left(1 - \frac{1}{1+\frac{I}{Ma^2}}\right)$$
$$= Mg\sin\beta\frac{I}{Ma^2+I} \tag{10.36}$$

剛体が斜面上で滑らないための条件は，剛体と斜面の静止摩擦係数を μ とすると，

$$R \leq \mu N = \mu Mg\cos\beta$$
$$Mg\sin\beta\frac{I}{Ma^2+I} \leq \mu Mg\cos\beta$$
$$\therefore \quad \tan\beta \leq \mu\frac{Ma^2+I}{I} \tag{10.37}$$

で与えられる．

10.2.4 剛体のさまざまな平面運動

例題 2 半径 a，質量 M の一様な円板の周りに糸を巻き付け，糸の他端を固定する (図 10.4)．手で糸を鉛直に保持した後円板から静かに手を離した．円板はどのような運動するか．円板とひもの間には滑りがなく，重力加速度の大きさを g とせよ．

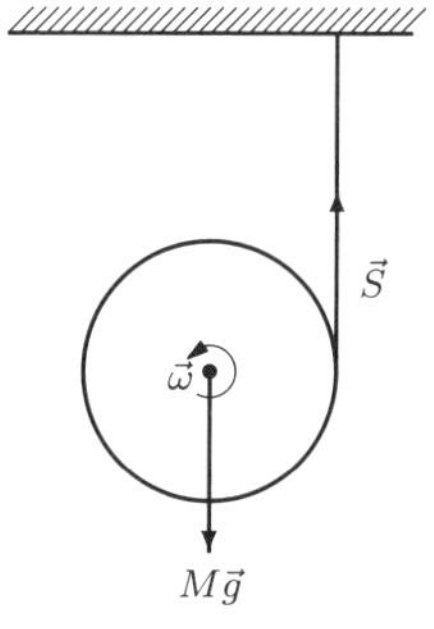

解 円板に働く力は鉛直方向の糸の張力 S と重力 Mg であるので，円板は鉛直下方に落下し，横方向には動かない．鉛直下方を x 軸の正の向きにとると，円板の質量中心 X に関する運動方程式は，

$$M\frac{d^2X}{dt^2} = Mg - S \tag{10.38}$$

図 10.4 ひもを巻いた円板の回転落下運動

円板の質量中心周りの慣性モーメントを $I = \frac{1}{2}Ma^2$，回転運動の角速度の大きさを ω とすると，角運動量方程式は，

$$I\frac{d\omega}{dt} = aS \tag{10.39}$$

円板とひもの間には滑りがないので，

$$a\omega = \frac{dX}{dt} \tag{10.40}$$

という関係が成り立つ．式 (10.40) の両辺を a で割り，t で微分すると，

$$\frac{d\omega}{dt} = \frac{1}{a}\frac{d^2 X}{dt^2} \tag{10.41}$$

式 (10.41) を式 (10.39) に代入すると，

$$S = \frac{I}{a^2}\frac{d^2 X}{dt^2} \tag{10.42}$$

式 (10.42) を式 (10.38) に代入すると，

$$M\frac{d^2 X}{dt^2} = Mg - \frac{I}{a^2}\frac{d^2 X}{dt^2}$$

$$\left(1 + \frac{I}{Ma^2}\right)\frac{d^2 X}{dt^2} = g$$

$$\frac{d^2 X}{dt^2} = \frac{2}{3}g \tag{10.43}$$

円板は加速度の大きさ $\frac{2}{3}g$ で落下する．

例題 3 半径 a，質量 M の一様な円板形定滑車にひもをかけ，ひもの両端に質量 m_1 と質量 m_2 ($m_1 > m_2$) のおもりを取り付け，おもりが動かないよう手で保持しておく (図 10.5)．静かに手を放した後，質量 m_1 のおもりが h 落下したときのおもりの落下する速さを求めよ．滑車とひもの間には滑りがなく，重力加速度の大きさを g とせよ．

解 定滑車の慣性モーメントを I とし，鉛直下方を x 座標の正の向きとする．おもりの落下する速さが v のときの滑車の回転角速度を ω とし，おもりを保持している位置を位置エネルギーの基準点とすると，力学的エネルギー保存則により，

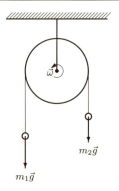

図 **10.5** 定滑車につるしたおもりの落下運動

$$\frac{1}{2}m_1 v^2 + \frac{1}{2}m_2 v^2 + \frac{1}{2}I\omega^2 + m_2 gh - m_1 gh = 0 \tag{10.44}$$

ここで,
$$I = \frac{1}{2}Ma^2$$
$$a\omega = v$$

この2式を式(10.44)に代入すると,
$$\frac{1}{2}m_1v^2 + \frac{1}{2}m_2v^2 + \frac{1}{4}Ma^2\left(\frac{v}{a}\right)^2 + m_2gh - m_1gh = 0$$
$$\{2(m_1+m_2)+M\}v^2 = 4(m_1-m_2)gh$$
$$\therefore \quad v = 2\sqrt{\frac{m_1-m_2}{2(m_1+m_2)+M}gh} \tag{10.45}$$

例題 4 内径 b の球殻の内部に,半径 a,質量 M の一様な球が球殻の最下点で静止している.球に微小変位を加えたとき,球はどのような運動をするか.ただし,球殻と球の間に滑りはなく,重力加速度の大きさを g とせよ.

解 球殻の中心を O,最下点を A,球の中心を O′,∠AOO′ $= \theta$ とする.球殻と球の接点を A′,球が最下点にあったとき A と接していた点を B,OA と O′B の延長線との交点を C,∠BO′A′ $= \phi$ とする(図 10.6).球は滑らないという条件から,

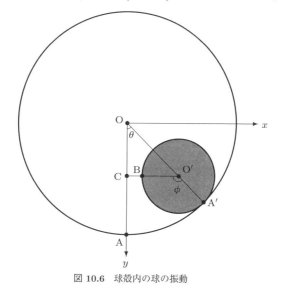

図 **10.6** 球殻内の球の振動

$$b\theta = a\phi \tag{10.46}$$

次に，球の中心 O′ の鉛直線からの振れの角は ∠ACO′ であり，

$$\angle \text{ACO}' = (\pi - \phi) + \theta$$
$$= \pi - \left(\frac{b}{a} - 1\right)\theta \tag{10.47}$$

球の慣性モーメントを I とすると角運動量方程式は，

$$I\frac{d^2}{dt^2}\left\{\pi - \left(\frac{b}{a} - 1\right)\theta\right\} = aMg\sin\theta \tag{10.48}$$

$\sin\theta \cong \theta$ であり，$I = \frac{2}{5}Ma^2$ なので，式 (10.48) は，

$$\frac{2}{5}(b-a)\frac{d^2\theta}{dt^2} + g\theta = 0 \tag{10.49}$$

球の運動は振子の長さが $\frac{2}{5}(b-a)$ の単振子の運動に相当する．

10.3 歳差運動

10.3.1 コマの歳差運動

剛体が質量中心を通る回転軸の周りで回転運動するとき，軸を傾けるような力が働くと，角運動量に垂直な力のモーメントが働き，角速度ベクトルはゆっくりした回転運動を行う．この運動を歳差運動 (すりこぎ運動) という．重力場において，回転軸が鉛直方向と θ の角をなすコマの歳差運動について考えよう．コマの慣性モーメントを I，質量を M，回転角速度を $\vec{\omega}$，重力加速度を $\vec{g}$，質量中心を G，回転軸と水平面の接点を P，P から G に向かう位置ベクトルを $\vec{d}$ とする (図 10.7)．コマの角運動量は，

$$\vec{L} = I\vec{\omega} \tag{10.50}$$

歳差運動の接線方向の力のモーメントの大きさは，

$$N = Mgd\sin\theta \tag{10.51}$$

$\vec{N}$ の向きは，$\vec{d}$ から $\vec{g}$ へ右ネジを回すとき，ネジの進む方向で，角運動量 $\vec{L}$ と直交している．このため $\vec{L}$ はその大きさを変えることなく向きだけが変わる円運動を行う．この円運動の角速度を $\vec{\Omega}$ とし，$\vec{L}$ が円運動を行う平面上で，短い時間間隔 Δt における角度の増分を $\Delta\phi$ とする (図 10.7)．$\vec{L}$ の変化ベクトル $\Delta\vec{L}$ の大き

10.3 歳差運動

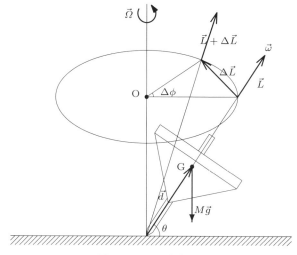

図 **10.7** コマの歳差運動

さは,
$$\Delta L = L \sin\theta \Delta\phi \tag{10.52}$$
両辺を Δt で割り, $\Delta t \to 0$ の極限をとると,
$$\lim_{\Delta t \to 0} \frac{\Delta L}{\Delta t} = L \sin\theta \lim_{\Delta t \to 0} \frac{\Delta\phi}{\Delta t}$$
$$\frac{dL}{dt} = L \sin\theta \, \Omega = N \tag{10.53}$$
式 (10.51) を式 (10.53) に代入すると,
$$\Omega = \frac{Mgd}{L} = \frac{Mgd}{I\omega} \tag{10.54}$$
したがって, コマの歳差運動の周期は,
$$T = \frac{2\pi}{\Omega} = \frac{2\pi I\omega}{Mgd} \tag{10.55}$$

10.3.2 地球の歳差運動

地球は巨大なコマであり, 周期 24 時間で自転している. 自転軸は黄道面と垂直ではなく, 地軸は垂直方向から 23.5° 傾いている [*2)]. 地球は回転楕円体 (ジオ

[*2)] 地軸の傾角は 21.8° から 24.4° の間を変動する.

イド) と呼ばれる赤道が膨らんだフットボール状の形をしているので，膨らんだ部分に働く太陽と他惑星の万有引力は，地軸を黄道面と垂直にするように働く．このため地軸は 19,000 年，22,000 年，24,000 年の 3 つの周期の歳差運動を行う．1920 年代にセルビアの物理学者ミルーティン・ミランコビッチは歳差運動を含む 3 つの地球の軌道要素 [*3) の組合せによって地球に入射する太陽エネルギーが変化し，氷期・間氷期が周期的にくり返すというミランコビッチ理論を発表した．

演 習 問 題

10.1 質量 M，内径 a，外径 b，高さ d の円管の，円の中心を通り円に垂直な軸の周りの慣性モーメントを求めよ．

10.2 質量 M，内径 a，外径 b，高さ d の円管の，質量中心を通り側面に垂直な軸の周りの慣性モーメントを求めよ．

10.3 面密度 σ，半径 a の薄い球殻の，中心を通る軸の周りの慣性モーメントを求めよ．

10.4 質量 M，内径 a，外径 b の中空の球の，中心をとおる軸の周りの慣性モーメントを求めよ．a が限りなく b に近づく極限では前問の結果と一致することを確かめよ．

10.5
1) 微惑星の衝突・併合で地球が形成されたとき，質量 5.974×10^{24} kg，半径 6.369×10^6 m の球形で密度はほぼ一様であった．地軸周りの慣性モーメントを求めよ．
2) 約 10^8 年の時間をかけて重力分化が起こり，重い物質は地球の中心に向かって沈降し，軽い物質は地球表面に向かって浮上した．その結果，半径 3.480×10^6 m，密度 1.200×10^4 kg m^{-3} の核と，その外側の密度 4.256×10^3 kg m^{-3} のマントルからなる 2 層構造をなした [*4)．重力分化の前後で地球の半径は不変として地軸周りの慣性モーメントを求めよ．
3) 重力分化による地球の自転角速度の変化を求めよ．

10.6 回転軸が円の中心を通り側面に平行な，質量 M，半径 a，長さ l の円柱がある．$h(<a)$ の段差がある 2 つの水平な床面を乗り越えるために，回転軸に垂直に加えるべき最小の力を求めよ．

10.7 半径 a，慣性モーメント I の定滑車に質量と太さが無視できるひもがかけてあり，ひもの両端に質量が m_1 と m_2 ($m_1 > m_2$) のおもり 1，2 を取り付ける．手でおもりを支えて静止させ，時刻 $t = 0$ で手を離した．時刻 t におけるおもりの速さ v を求めよ．ただし，滑車とひもの間には滑りがなく，重力加速度の大きさを g とせよ．

[*3)] 1 つは公転軌道の離心率変化で周期が 95,000 年，125,000 年，400,000 年であり，もう 1 つは地軸傾角の変化で周期は 41,000 年である．
[*4)] 密度の値は，島津 (1967) による密度分布をもとに 2 層モデルに簡略化した．

11
万有引力と惑星の運行

ヨハネス・ケプラーはティコ・ブラーエが残した天体の運行の観測記録をもとに，惑星の運行に関するケプラーの3法則を発見した．一方，アイザック・ニュートンは古典力学の体系を確立し，また万有引力の法則を発見した．ニュートンは彼の理論を惑星の運行に適用してケプラーの3法則を証明した．この章では古典力学が成立する過程をふりかえり，ケプラーの3法則を厳密に証明し，有限な大きさをもつ物体が及ぼす万有引力，海洋潮汐とその影響などを論ずる．

11.1 万有引力の法則

ニュートンは，リンゴが地上に落ちるのは地球がリンゴに引力を及ぼしているためで，月にも同じ力が働いているのではないかと考えた．月が地球の周りを等速円運動しているということは，月が常に地球に向かって落下しているということであり，ニュートンは1秒間に月が落下する距離と地上で物体が落下する距離の比が，地球の半径と地球と月の距離の比の2乗に等しいことを示した．ここで，ニュートンの行った計算をたどろう．計算には次の諸物理量を用いる．

$$r = 3.84 \times 10^8 \,\mathrm{m}：地球と月の距離$$
$$a = 6.36 \times 10^6 \,\mathrm{m}：地球半径$$
$$T = 2.36 \times 10^6 \,\mathrm{s}\,(27\,日\,7\,時間\,43\,分)：月の公転周期$$

まず，1秒間に月が地球に落下する距離 d を求める．地球の中心を O，時刻 t における月の位置を A，1秒後の位置を B，月が位置 A から等速直線運動をしたと仮定したときの1秒後の位置を C とすると，∠OAC$=\frac{\pi}{2}$ である (図 11.1)．∠AOB を $\delta\theta$ とおくと，$\delta\theta$ は微小角なので線分 AC は円弧 AB に等しいとみなせる．三角形 OAC は直角三角形なのでアルキメデスの定理により，

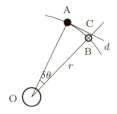

図 **11.1** 月の地球への落下

$$(r+d)^2 = r^2 + (r\delta\theta)^2$$
$$d = r\left\{\sqrt{1+\delta\theta^2} - 1\right\} \simeq \frac{1}{2}r(\delta\theta)^2 \tag{11.1}$$

次に，$\delta\theta$ を求める．月の公転角速度は，

$$\omega = \frac{2\pi}{2.36 \times 10^6} = 2.66 \times 10^{-6} \quad (\text{s}^{-1})$$

したがって，

$$\delta\theta = \omega \times 1.00 = 2.66 \times 10^{-6} \tag{11.2}$$

式 (11.2) を式 (11.1) に代入すると，

$$d = \frac{1}{2}r(\delta\theta)^2 = 1.36 \times 10^{-3} \quad (\text{m})$$

月の中心における地球の重力加速度の大きさを g_M とすると，1 秒間に落下する距離 d は，

$$d = \frac{1}{2}g_M \times 1.00^2 \quad (\text{m})$$
$$g_M = \frac{2d}{1.00^2} = 2.72 \times 10^{-3} \quad (\text{m s}^{-2})$$

月の中心における重力加速度の大きさと，地表における重力加速度の大きさの比は，

$$\frac{g_M}{g_0} = \frac{2.72 \times 10^{-3}}{9.80} = 2.78 \times 10^{-4}$$

一方，地球半径と地球と月の距離の比の 2 乗は，

$$\left(\frac{a}{r}\right)^2 = \left(\frac{6.36 \times 10^6}{3.84 \times 10^8}\right)^2 = 2.74 \times 10^{-4}$$

であり両者はほぼ等しい．

上記の計算に先立って，ニュートンは惑星の公転軌道が円軌道であると仮定し，

11.1 万有引力の法則

図 **11.2** 万有引力

運動方程式とケプラーの第 3 法則から，太陽と惑星の間には公転半径の 2 乗に反比例する力が働いていることを示した．ニュートンはこの力が天体間に限らずあらゆる物体間に働く普遍的な力だと考え，"2 つの物体の間には質量の積に比例し，物体間の距離の 2 乗に反比例する引力が作用する" という万有引力の法則を提案した．質量 m の物体 B が質量 M の物体 A から受ける万有引力は，

$$\vec{F} = -G\frac{Mm}{r^2}\left(\frac{\vec{r}}{r}\right) \tag{11.3}$$

$$G = (6.67259 \pm 0.00030) \times 10^{-11} \, (\mathrm{m^3 \, kg^{-1} \, s^{-2}})$$

と表せる．ここで，G は万有引力定数，$\vec{r}$ は物体 A の中心から物体 B の中心に向かう位置ベクトルである (図 11.2)．

第 1 宇宙速度

質量 m の人工衛星が速さ v で地表すれすれを円軌道を描いて飛んでいる．地球半径を a とすると，円運動の向心加速度は $\frac{v^2}{a}$ であり，向心力は人工衛星に働く重力なので，

$$m\frac{v^2}{a} = mg_0 \tag{11.4}$$

$$\therefore \quad v = \sqrt{ag_0} = 7.89 \times 10^3 \, (\mathrm{m\,s^{-1}})$$

この速さを "第 1 宇宙速度" という．また人工衛星の公転周期 T は，

$$T = \frac{2\pi a}{v} = 2\pi\sqrt{\frac{a}{g_0}} = 5.06 \times 10^3 \, (\mathrm{s})$$

となる．

例題 1 赤道上空で地球自転の角速度 Ω と同じ角速度で等速円運動する人工衛星は，地上の観測者からは静止しているように見えるため静止衛星 (geosynchronous satellite) と呼ばれる．地球の質量を $5.97 \times 10^{24}\,\mathrm{kg}$ として，静止衛星の地表からの高さ h を求めよ．

解 地球自転の角速度は，

$$\Omega = \frac{2\pi}{24 \times 60 \times 60} = 7.27 \times 10^{-5} \text{ (s}^{-1}\text{)} \tag{11.5}$$

地球の半径を a, 地球の質量を M, 静止衛星の質量を m とすると, 運動方程式は,

$$m(a+h)\Omega^2 = G\frac{mM}{(a+h)^2} \tag{11.6}$$

$$\therefore \quad h = \left(\frac{GM}{\Omega^2}\right)^{\frac{1}{3}} - a = 3.58 \times 10^7 \text{ (m)}$$

となる. 静止衛星の軌道半径は地球半径のおおよそ 6 倍である.

11.2 有限な大きさの物体が及ぼす万有引力

ニュートンの万有引力の法則は, 天体が及ぼす万有引力は天体の中心にその全質量が集中しているとみなす. 天体間の距離に較べ天体の大きさは無視できるので, 天体間に働く万有引力を論ずるときには天体を質点と近似するのは妥当である. しかしリンゴに及ぼす地球の万有引力を考えるとき, 地球の大きさと地球中心とリンゴの距離は同程度なので地球を質点とみなすことはできない. この節では有限な大きさをもつ物体が及ぼす万有引力について考察する.

例題 2 質量 M, 半径 a の密度が一様な球がある. 球の中心 O から $z(>a)$ の距離の点 Q にある質量 m の質点に及ぼす, 球の万有引力ポテンシャルと万有引力の大きさを求めよ. ただし, 万有引力定数を G とせよ.

解 座標は図 11.3 のようにとる. 球内の半径 r の球殻上の任意の点 $\text{P}(r, \phi, \theta)$ と Q の距離を ξ とすると, 点 P の微小体積要素 $dv = r^2\cos\theta\, dr\, d\phi\, d\theta$ が, 点 Q にある質点に及ぼす万有引力ポテンシャル $d\Phi$ は,

$$d\Phi = -G\frac{m}{\xi}\rho r^2 \cos\theta\, dr\, d\phi\, d\theta \tag{11.7}$$

$$\xi^2 = z^2 + r^2 - 2rz\sin\theta \tag{11.8}$$

ここで, $\rho = \dfrac{M}{\frac{4}{3}\pi a^3}$ であり, 球全体が質点に及ぼす万有引力ポテンシャルを求めるために r

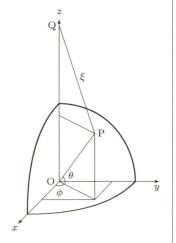

図 11.3 一様な球の万有引力ポテンシャル

に関して積分を行うまで，r を固定して議論を進める．式 (11.8) の両辺を微分すると，

$$-2\xi d\xi = -2rz\cos\theta d\theta$$
$$\xi d\xi = rz\cos\theta d\theta \tag{11.9}$$

式 (11.9) の上の式で $d\xi$ に負号がつくのは，$d\xi$ と $d\theta$ の増加する向きが逆だからである．式 (11.7) と式 (11.9) より，

$$d\Phi = -G\frac{m}{z}\rho r d\xi d\phi dr \tag{11.10}$$

球全体が質点に及ぼす万有引力ポテンシャル Φ は，

$$\Phi = -G\frac{m}{z}\rho \int_0^a \int_0^{2\pi} \int_{z-r}^{z+r} r d\xi d\phi dr = -G\frac{m}{z}4\pi\rho \int_0^a r^2 dr$$
$$= -G\frac{m}{z}\frac{4\pi}{3}\rho \left[r^3\right]_0^a = -G\frac{mM}{z} \tag{11.11}$$

球全体が質点に及ぼす万有引力は，

$$F_z = -\frac{\partial \Phi}{\partial z} = -G\frac{mM}{z^2} \tag{11.12}$$

となり，球の中心 O にある質量 M の質点が，O から z の距離にある質量 m の質点に及ぼす万有引力に等しい．

例題 3 質量 M，半径 a の密度が一様な球がある．球の中心 O から $z(<a)$ の距離の点 Q にある質量 m の質点に及ぼす，球の万有引力ポテンシャルと万有引力の大きさを求めよ．ただし，万有引力定数を G とせよ．

解 座標は図 11.4 のようにとる．点 Q を含む球面の半径を a_i とする．球内の半径 r の球殻上の任意の点 $P(r,\phi,\theta)$ と Q の距離を ξ とする．点 P の微小体積要素 $dv = r^2\cos\theta dr d\phi d\theta$ が，点 Q にある質点に及ぼす万有引力ポテンシャル $d\Phi$ は，

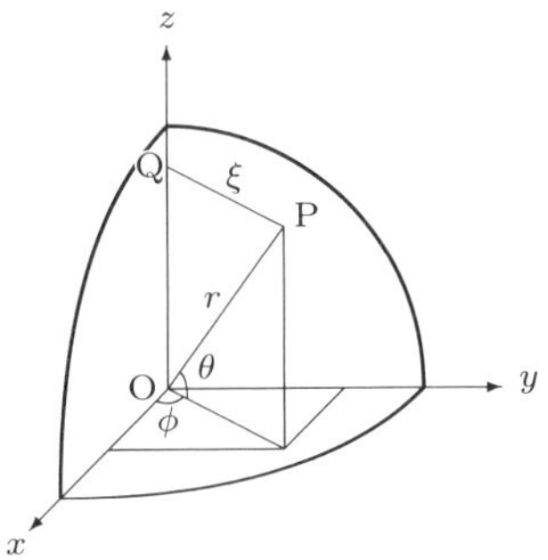

$$d\Phi = -G\frac{m}{\xi}\rho r^2 \cos\theta dr d\phi d\theta \tag{11.13}$$

図 11.4 一様な球の球内の質点に及ぼす万有引力ポテンシャル

である．球全体が質点に及ぼす万有引力ポテンシャルを求めるために r に関して積

分を行うまで，r を固定して計算を進める．
式 (11.9) と式 (11.13) より，

$$d\Phi = -G\frac{m}{z}\rho r d\xi d\phi dr \tag{11.14}$$

球全体が質点に及ぼす万有引力ポテンシャル Φ を，$r \leq a_i$ の球の万有引力ポテンシャル Φ_i と $a_i \leq r \leq a$ の中空球の万有引力ポテンシャル Φ_o に分ける．

$$\begin{aligned}\Phi_i &= -G\frac{m}{z}\rho \int_0^{a_i}\int_0^{2\pi}\int_{z-r}^{z+r} r d\xi d\phi dr = -G\frac{m}{z}4\pi\rho\int_0^{a_i} r^2 dr \\ &= -G\frac{m}{z}\frac{4\pi}{3}\rho\left[r^3\right]_0^{a_i} = -G\frac{mM_i}{z}\end{aligned} \tag{11.15}$$

ここで M_i は半径 a_i の球の質量．次に Φ_o は，

$$\begin{aligned}\Phi_o &= -G\frac{m}{z}\rho \int_{a_i}^{a}\int_0^{2\pi}\int_{r-z}^{z+r} r d\xi d\phi dr = -Gm4\pi\rho\int_{a_i}^{a} r dr \\ &= -Gm4\pi\rho\frac{1}{2}\left[r^2\right]_{a_i}^{a} = -\frac{3}{2}Gm\left(\frac{M}{a} - \frac{M_i}{a_i}\right)\end{aligned} \tag{11.16}$$

したがって，球全体が質点に及ぼす万有引力ポテンシャルは，

$$\Phi = \Phi_i + \Phi_o = -G\frac{mM_i}{z} - \frac{3}{2}Gm\left(\frac{M}{a} - \frac{M_i}{a_i}\right) \tag{11.17}$$

球全体が質点に及ぼす万有引力は，

$$F_z = -\frac{\partial \Phi}{\partial z} = -G\frac{mM_i}{z^2} \tag{11.18}$$

となり，一様な球内の質量 m の質点に球が及ぼす万有引力は，質点より内側の球の全質量が球の中心に集中しているとみなしたときに働く万有引力に等しい．

例題 4 球の密度が一様ならば，球の中心から半径 r にある物体に働く万有引力は，r より内部にある全質量 $M(r)$ が球の中心に集中していると仮定したときに働く万有引力に等しい．地球の中心を通る穴をあけ，地表から質量 m の質点を静かに落としたとき，質点はどのような運動をするか．ただし，地球は密度が一様 ($\rho = 5.54 \times 10^3\,\mathrm{kg\,m^{-3}}$) な球と仮定し，万有引力定数を G とせよ．
解

$$M(r) = \rho\frac{4}{3}\pi r^3$$

運動方程式は，

$$m\frac{d^2r}{dt^2} = -\frac{Gm}{r^2}\frac{4}{3}\rho\pi r^3 \qquad (11.19)$$

次の指数解を仮定する．ただし，$\tilde{i}$ は虚数単位 ($\tilde{i}^2 = -1$)．

$$r \propto \exp(\tilde{i}\omega t) \qquad (11.20)$$

式 (11.20) を式 (11.19) に代入すると，

$$-\omega^2 + \frac{4}{3}\rho\pi G = 0$$

$$\therefore \quad \omega = \pm\sqrt{\frac{4}{3}\rho\pi G} \qquad (11.21)$$

したがって，式 (11.19) の一般解は，

$$r = \alpha\exp(\tilde{i}\omega t) + \beta\exp(-\tilde{i}\omega t)$$

r の実部をとると，

$$\Re\{r\} = \alpha_r\cos(\omega t) - \alpha_i\sin(\omega t) + \beta_r\cos(\omega t) + \beta_i\sin(\omega t)$$
$$= A\cos(\omega t + \theta_0) \qquad (11.22)$$

振動周期は，

$$T = \frac{2\pi}{\omega} = 5.05 \times 10^3 \text{ (s)}$$

質点は周期 5.05×10^3 秒の単振動を行う．

11.3　万有引力と重力加速度

高度 z における重力加速度 g^* は，質量 M の地球と質量 m の物体の間に働く万有引力によるものなので，地球半径を a とすると，

$$mg^* = G\frac{Mm}{(a+z)^2}$$
$$g^* = \frac{GM}{(a+z)^2} \qquad (11.23)$$

地表における重力加速度 g_0^* は (11.23) で $z = 0$ とおけばよく，

$$g_0^* = \frac{GM}{a^2} \qquad (11.24)$$

式 (11.23)，(11.24) より，

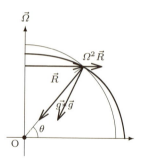

図 11.5 単位質量の物体に働く万有引力 $\vec{g}^*$ と重力 $\vec{g}$ の関係. 太い実線は地球表面 (回転楕円体), 細い実線は球面を表す.

$$g^* = \frac{GM}{(a+z)^2} = \frac{GM}{a^2}\left(1+\frac{z}{a}\right)^{-2} = g_0^*\left(1+\frac{z}{a}\right)^{-2} \quad (11.25)$$

地球は角速度 $\vec{\Omega}$ で自転しているため, 地球上の物体には遠心力が働いている. このため質量 m の物体に働く地球の重力 $m\vec{g}$ は, 万有引力 $m\vec{g}^*$ と遠心力 $m\Omega^2\vec{R}$ の合力である ($\vec{R}$ は地球の回転軸から物体への位置ベクトル). 図 11.5 から明らかなように, 赤道と両極を除いて $\vec{g}$ は地球の中心を向かない. 地球の形状が球面であるとすると, 重力は地表面に垂直に働かず, 赤道に向かう分力が存在する. したがって, 地球は地表が重力と垂直になるような形状 (回転楕円体) になって平衡状態を保つ. 重力の大きさは両極で最大, 赤道で最小になる.

地球の質量

式 (11.24) から地球の質量 M を求めることができる. 地球の半径を a, 地表の重力加速度の大きさを g_0^* とすると,

$$g_0^* = \frac{GM}{a^2}$$
$$M = \frac{g_0^* a^2}{G} = 5.94 \times 10^{24} \text{ (kg)} \quad (11.26)$$

11.4 海 洋 潮 汐

地球の海では, およそ 1 日に 2 回の干潮・満潮が観測される. この現象は, 海中の任意の点の単位質量の海水に働く月や太陽による万有引力を計算することによって理解できる. 海の深さは地球の半径に較べて十分小さいので, 海中の任意

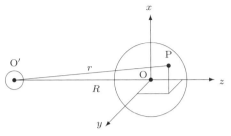

図 11.6 月-地球系の座標

の点は地球表面にあるとしてさしつかえない．座標軸は図 11.6 のように選ぶ．すなわち，座標原点を地球の中心にとり，z 軸は月の中心 O′ と O を結ぶ延長線にとる．x 軸は z 軸と直交する任意の方向にとり，y 軸は x 軸と z 軸に直交するようにとる．海中の任意の点を P(x, y, z) とし，O′ と O の距離を R，O′ と P の距離を r とする．点 P において単位質量の海水に働く万有引力ポテンシャル Φ は，

$$
\begin{aligned}
\Phi &= -\frac{GM}{r} = -\frac{GM}{\sqrt{(R+z)^2 + x^2 + y^2}} \\
&= -\frac{GM}{R}\left[\left(1+\frac{z}{R}\right)^2 + \left(\frac{x}{R}\right)^2 + \left(\frac{y}{R}\right)^2\right]^{-\frac{1}{2}} \\
&= -\frac{GM}{R}(1+\epsilon)^{-\frac{1}{2}}
\end{aligned}
\tag{11.27}
$$

ここで，

$$
\epsilon = \left(\frac{x}{R}\right)^2 + \left(\frac{y}{R}\right)^2 + \left(\frac{z}{R}\right)^2 + \frac{2z}{R}
$$

ϵ は微小量なので，式 (11.27) をテイラー展開し微小量の 3 次以上の項を無視すると，

$$
\Phi = -\frac{GM}{R} + \frac{GM}{R^2}z - \frac{GM}{2R^3}(2z^2 - x^2 - y^2) \tag{11.28}
$$

点 P にある単位質量の海水に働く万有引力の (x, y, z) 成分は，式 (11.28) を x, y, z について偏微分すると求まる．

$$
F_x = -\frac{\partial \Phi}{\partial x} = -\frac{GM}{R^3}x \tag{11.29}
$$

$$
F_y = -\frac{\partial \Phi}{\partial y} = -\frac{GM}{R^3}y \tag{11.30}
$$

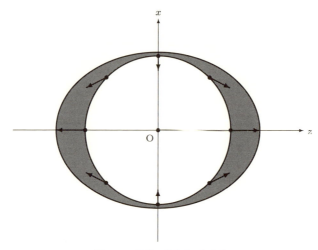

図 11.7　海洋に働く月の起潮力

$$F_z = -\frac{\partial \Phi}{\partial z} = -\frac{GM}{R^2} + \frac{2GM}{R^3}z \qquad (11.31)$$

式 (11.31) の右辺第 1 項は，地球が月-地球系の質量中心[*1)]を地球が公転運動するための月の引力なので海水を動かす起潮力とはならない．海水に働く起潮力を図 11.7 に示す．

11.5　海洋潮汐が月-地球系に及ぼす影響

海洋潮汐では満潮時と月の南中時に位相のずれがあり，満潮は月の南中より約 2.5 時間遅れる．固体地球と海水の摩擦のためであり，地球の自転が次第に遅くなっている原因と考えられている．それでは月にはどのような影響が現れているのか考察しよう．

地球の角速度が減少するので，月-地球系の角運動量保存則から月の公転運動の角運動量は増加する．月の自転に伴う角運動量は公転角運動量に較べてはるかに小さいので無視する．地球の質量を M，地球の慣性モーメントを I，月の質量を m とする．時刻 t における地球自転の角速度を Ω，月の公転半径を r，公転速度の大きさを v とし，時刻 $t + \Delta t$ における地球自転の角速度を $\Omega + \Delta\Omega$，月の公転

[*1)]　月-地球系の質量中心は地球の中心から 4.67×10^6 m (地球の半径は 6.36×10^6 m) 月側の点にあり，月と地球はこの点の周りを公転運動している．

半径を $r + \Delta r$, 公転速度の大きさを $v + \Delta v$ とすると, 角運動量保存則により,

$$I\Omega + mvr = I(\Omega + \Delta\Omega) + m(v + \Delta v)(r + \Delta r)$$
$$\therefore \quad 0 = I\Delta\Omega + mv\Delta r + mr\Delta v \tag{11.32}$$

一方, 運動方程式は,

$$m\frac{v^2}{r} = G\frac{mM}{r^2}$$
$$v^2 = \frac{GM}{r} \tag{11.33}$$

式 (11.33) を時刻 $t + \Delta t$ において適用すると,

$$(v + \Delta v)^2 = \frac{GM}{r + \Delta r}$$
$$v^2 + 2v\Delta v = \frac{GM}{r}\left(1 - \frac{\Delta r}{r}\right) \tag{11.34}$$

式 (11.34) から式 (11.33) を引くと,

$$\Delta v = -\frac{GM}{2r^2 v}\Delta r = -\frac{v}{2r}\Delta r \tag{11.35}$$

式 (11.35) を式 (11.32) に代入すると,

$$\Delta r = -\frac{2I}{mv}\Delta\Omega \tag{11.36}$$

式 (11.36) を式 (11.35) に代入すると,

$$\Delta v = \frac{I}{mr}\Delta\Omega \tag{11.37}$$

$\Delta\Omega < 0$ なので, $\Delta r > 0$, $\Delta v < 0$ となる. すなわち, 月は地球から遠ざかり公転速度の大きさは減少する. 今から 4 億年前 (古生代デボン紀) には地球の 1 年は約 400 日であったことが, サンゴの化石の月輪やストロマトライトの縞の解析から明らかになっている. したがって, 4 億年前の 1 日は 21.9 時間, 自転角速度は $7.97 \times 10^{-5}\,\mathrm{s}^{-1}$, 自転角速度の変化は 1 年間に $\Delta\Omega = -1.75 \times 10^{-14}\,\mathrm{s}^{-1}$ となる. この値をもとに 1 年間あたりの Δr と Δv を求めよう. 計算に必要な諸物理量を次に示す.

$$M = 5.97 \times 10^{24}\,\mathrm{kg} : 地球の質量$$
$$I = 8.07 \times 10^{37}\,\mathrm{kg\,m^2} : 地球の慣性モーメント$$

$$m = 7.35 \times 10^{22}\,\text{kg}：月の質量$$
$$r = 3.84 \times 10^{8}\,\text{m}：地球と月の平均距離$$
$$v = 1.02 \times 10^{3}\,\text{m\,s}^{-1}：月の公転速度$$

これらの値[*2)]を式 (11.36) と式 (11.37) に当てはめると，$\Delta r = 3.75 \times 10^{-2}$ m，$\Delta v = -5.00 \times 10^{-8}\,\text{m\,s}^{-1}$ をえる．すなわち，月は地球から 1 年間に 3.75 cm 遠ざかっていることになる．しかしこの値は過去 4 億年の平均値であって，現在の値としては過大評価になっていることに注意せねばならない．

問 1 水星や月には海洋が存在しなかったが，自転周期と公転周期が同期しているのはなぜか．

11.6 惑星の運行とケプラーの3法則

デンマークの天文学者ティコ・ブラーエは天体の運行に関する膨大な観測記録を残した．その記録を受け継いだドイツの天文学者ヨハネス・ケプラーは，観測記録を詳細に解析して惑星の運行に関する 3 つの法則を発見した．

1) 第 1 法則：惑星の軌道は太陽を 1 つの焦点とする楕円である．
2) 第 2 法則：太陽と惑星を結ぶ線分 (動径) が単位時間に通過する面積 (面積速度) は一定である．
3) 第 3 法則：惑星の公転周期 T の 2 乗は楕円軌道の長半径 a の 3 乗に比例する．

ケプラー以前は，天動説であれ地動説であれ，天体の運行軌道は円軌道と考えられていた．ケプラーは楕円軌道を仮定することにより，ティコ・ブラーエの観測結果を合理的に解釈できることを発見した．ケプラーの 3 法則は，アイザック・ニュートンによる万有引力の発見と古典力学の成立につながる重要な発見であった．

[*2)] 地球の慣性モーメントは島津 (1967) による．

ティコ・ブラーエ
Tycho Brahe
【1546-1601】

　デンマークの貴族で天文学者．国王フレゼリクII世の援助を受けて，ヴェン島（現スウェーデン領）にウラニボリ天文台とステルネボリ天文台を建設し，1576年から1596年まで天体観測を行った．まだ望遠鏡が発明されていない時代だったので，測定器を用いた肉眼による観測であったが，観測結果は精緻をきわめた．フレゼリクII世の死後，1596年神聖ローマ帝国皇帝・ルドルフII世に招かれ，ほとんどの観測装置と観測記録を携えてチェコスロバキアのプラハに赴き観測を続けた．観測結果には天動説と矛盾する事実が含まれていたが，ブラーエ自身は天動説を捨てきれず，「太陽は地球の周りを公転し，他の天体は太陽の周りを公転する」という修正天動説を唱えた．天体の運行に関する膨大で精密な観測記録は共同研究者のヨハネス・ケプラーに受け継がれ，ケプラーの3法則として結実した．

11.7　惑星の運動方程式

　惑星は太陽と惑星間に働く万有引力によって太陽の周りを公転運動しているので，運動方程式は平面極座標で記述したものが適している．平面極座標における加速度は式 (2.39) で与えられたので，r 方向と θ 方向の運動方程式は，

$$m\frac{d^2 r}{dt^2} - mr\left(\frac{d\theta}{dt}\right)^2 = -G\frac{mM}{r^2} \tag{11.38}$$

$$2m\frac{dr}{dt}\frac{d\theta}{dt} + mr\frac{d^2\theta}{dt^2} = 0 \tag{11.39}$$

式 (11.39) をさらに変形すると，

$$\frac{1}{r}\frac{d}{dt}\left(r^2\frac{d\theta}{dt}\right) = 0$$

$$\therefore \quad r^2\frac{d\theta}{dt} = C\,(\text{一定}) \tag{11.40}$$

太陽の位置を F_1, 時刻 t における惑星の位置を P, 時刻 $t+\delta t$ における惑星の位置を Q, $\angle PF_1Q = \delta\theta$ とする (図 11.8). $\overline{PQ} \simeq r\delta\theta$ なので，惑星の動径が δt 時間に掃く面積 δS は，

$$\delta S \simeq \frac{1}{2}r^2\delta\theta$$

となる．両辺を δt で割って $\delta t \to 0$ の極限をとり，式 (11.40) を用いると，

$$\lim_{\delta t \to 0}\frac{\delta S}{\delta t} = \frac{1}{2}r^2\lim_{\delta t \to 0}\frac{\delta\theta}{\delta t}$$

ヨハネス・ケプラー
Johannes Kepler
【1571-1630】

　ドイツの数学者・天文学者. 1571 年南ドイツ・シュワーベン地方ヴァイル・デル・シュタットに生まれた. 1587 年チュービンゲン大学に入学して数学を学んだ後, 1594 年からグラーツ大学で数学と天文学の講義を行った. 1599 年ティコ・ブラーエに招かれチェコスロバキアのプラハへ赴き, ブラーエと共同で天体の運行を研究した. 1601 年にブラーエが亡くなると彼の跡を継いでルドルフ II 世に仕え, ブラーエの観測記録を受け継いで天体の運行の研究を続けた. 1609 年『新天文学』を著し, ケプラーの第 1 法則と第 2 法則を発表し

た.1612 年ルドルフⅡ世が亡くなると,州数学官の職をえてリンツに移り,1618 年にケプラーの第 3 法則を発表した.1626 年南ドイツのバーデン・ヴュルテンベルク州ウルムに移住した.さらに 1628 年にバイエルン州レーゲンスブルグに移り,1630 年にその地で病没した.ケプラーは卓抜した数学力を駆使して惑星の運行法則を明らかにした.この法則の発見がニュートンによる古典力学の樹立へつながった.

ケプラーの終焉の地となった南ドイツの古都・レーゲンスブルグ.街の中心をドナウ川が流れ,1146 年に建設された石橋は今も建設当時の姿をとどめる.写真中央にそびえるゴチック様式の教会は聖ペテロ教会で,2 つの尖塔の高さは 123 m に達する.ケプラーの住家は写真の右手,ドナウ川の川岸から 1 つ道を隔てた通りに面しており,今は博物館として公開されている.

$$\frac{dS}{dt} = \frac{1}{2}r^2\frac{d\theta}{dt} = \frac{1}{2}C \tag{11.41}$$

"惑星の公転半径が掃く面積速度は一定である" というケプラーの第 2 法則が証明された.

式 (11.41) より,

$$\frac{d\theta}{dt} = \frac{C}{r^2} \tag{11.42}$$

式 (11.42) を式 (11.38) に代入する.

$$\frac{d^2r}{dt^2} - \frac{C^2}{r^3} = -\frac{GM}{r^2} \tag{11.43}$$

さらに,式 (11.42) を用いて独立変数 t を θ に変換する.すなわち,

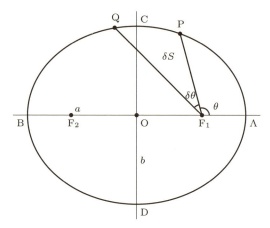

図 11.8 惑星の軌道と面積速度

$$\frac{d}{dt} = \frac{d\theta}{dt}\frac{d}{d\theta} = \frac{C}{r^2}\frac{d}{d\theta} \tag{11.44}$$

式 (11.44) を式 (11.43) に適用すると，

$$\frac{C}{r^2}\frac{d}{d\theta}\left(\frac{C}{r^2}\frac{dr}{d\theta}\right) - \frac{C^2}{r^3} = -\frac{GM}{r^2} \tag{11.45}$$

$\xi = \frac{1}{r}$ とおくと，式 (11.45) は，

$$\frac{d^2\xi}{d\theta^2} + \xi = \frac{GM}{C^2} \tag{11.46}$$

式 (11.46) の一般解は，

$$\xi = \frac{GM}{C^2} + A\cos(\theta - \theta_0) = \frac{1}{r}$$

$$r = \frac{\frac{C^2}{GM}}{1 + \frac{C^2 A}{GM}\cos(\theta - \theta_0)} = \frac{\eta}{1 + \epsilon\cos(\theta - \theta_0)} \tag{11.47}$$

ここで，

$$\eta = \frac{C^2}{GM}, \quad \epsilon = \frac{AC^2}{GM} \tag{11.48}$$

式 (11.47) は円錐曲線の方程式で，$\epsilon > 1$ のとき双曲線，$\epsilon = 1$ のとき放物線，$\epsilon < 1$ のとき楕円を表す．惑星は太陽の周りを周期運動する天体なので，その軌

道は楕円に決まる．以上でケプラーの第1法則が証明された．

次に $\theta = 0$ を近日点に選ぶと $\theta_0 = 0$ となり，式 (11.47) は，

$$r = \frac{\eta}{1 + \epsilon \cos \theta} \tag{11.49}$$

図 11.8 に示す楕円軌道を考える．原点を O, x 軸上の太陽の位置を F_1, もう1つの焦点を F_2, 楕円と x 軸の交点を A, B, 楕円と y 軸の交点を C, D, 惑星の位置を $P(r, \theta)$ とする．また，楕円の長半径を a, 短半径を b とする．式 (11.49) より，

$$\overline{F_1 A} = \frac{\eta}{1 + \epsilon}, \quad \overline{F_1 B} = \frac{\eta}{1 - \epsilon}$$

$$\overline{AB} = 2a = \frac{\eta}{1 + \epsilon} + \frac{\eta}{1 - \epsilon} = \frac{2\eta}{1 - \epsilon^2}$$

$$\therefore \quad a = \frac{\eta}{1 - \epsilon^2} \tag{11.50}$$

となる．P が C にきたとき，

$$\overline{OF_1} = -r \cos \theta = \overline{OA} - \overline{F_1 A}$$

$$= a - \frac{\eta}{1 + \epsilon} = \frac{\eta}{1 - \epsilon^2} - \frac{\eta}{1 + \epsilon} = \frac{\epsilon \eta}{1 - \epsilon^2}$$

$$\therefore \quad -r \cos \theta = \frac{\epsilon \eta}{1 - \epsilon^2} \tag{11.51}$$

式 (11.49), (11.51) より，

$$\overline{F_1 C} = r = \eta - r \epsilon \cos \theta = \eta + \frac{\epsilon^2 \eta}{1 - \epsilon^2} = \frac{\eta}{1 - \epsilon^2}$$

$$b^2 = \overline{OC}^2 = \overline{F_1 C}^2 - \overline{OF_1}^2 = \frac{\eta^2}{1 - \epsilon^2}$$

$$\therefore \quad b = \frac{\eta}{\sqrt{1 - \epsilon^2}} = (\eta a)^{\frac{1}{2}} \tag{11.52}$$

楕円の面積 S は，式 (11.50), (11.52) を用いて，

$$S = \pi a b = \pi \eta^{\frac{1}{2}} a^{\frac{3}{2}} \tag{11.53}$$

惑星の公転周期 T は，惑星の動径が掃く楕円の面積 S を面積速度式 (11.41) で割ればえられる．

$$T = \frac{S}{dS/dt} = \frac{2\pi \eta^{\frac{1}{2}} a^{\frac{3}{2}}}{C} \tag{11.54}$$

式 (11.54) を平方し式 (11.48) を用いると，

$$T^2 = \frac{4\pi^2 \eta}{C^2} a^3 = \frac{4\pi^2}{GM} a^3 \tag{11.55}$$

"惑星の公転周期 T の 2 乗は楕円軌道の長半径 a の 3 乗に比例する"というケプラーの第 3 法則が証明された．

問2 平面極座標で表した楕円の方程式，

$$r = \frac{\eta}{1 + \epsilon \cos\theta}$$

をデカルト座標に変換すると，

$$\frac{x^2}{a^2} + \frac{y^2}{b^2} = 1$$

となることを示せ．

問3 長半径 a, 短半径 b の楕円の面積は πab で与えられることを示せ．

11.8 脱 出 速 度

質量 M の球の中心から r の距離に中心をもつ質量 m の質点を，万有引力に抗して無限遠まで移動させるのに要する仕事 W は，

$$W = \int_r^\infty G\frac{Mm}{r^2} dr$$
$$= GMm \left[-\frac{1}{r}\right]_r^\infty = G\frac{Mm}{r}$$

したがって，無限遠にある質点の有する位置エネルギーは，r にある質点の有する位置エネルギーより W だけ大きい．$r = \infty$ を万有引力による位置エネルギーの基準点とすると，r にある質点が有する位置エネルギーは，

$$U(\infty) - U(r) = W = G\frac{Mm}{r}$$
$$U(r) = -W = -G\frac{Mm}{r} \tag{11.56}$$

となる．

例題5 脱出速度 (第 2 宇宙速度) 高速で砲弾を発射できる高射砲がある．発射した砲弾が地球の重力圏を離脱するために，砲弾に与えるべき最小の初速 v_0 はいくら

か．ただし，大気の摩擦は無視できるとし，地球半径 a は 6.36×10^6 m，地球の質量 M は 5.97×10^{24} kg，万有引力定数を 6.67×10^{-11} m^3 kg^{-1} s^{-2} とせよ．

解 式 (11.56) より，無限遠を基準点とすると，球の中心から r の距離にある質量 m の質点が有する位置エネルギーは，

$$U(r) = -G\frac{Mm}{r}$$

無限遠における砲弾の速さを v_∞ とすると，地表における力学的エネルギーと無限遠における力学的エネルギーは等しいので，

$$-G\frac{Mm}{a} + \frac{1}{2}mv_0{}^2 = 0 + \frac{1}{2}mv_\infty{}^2 > 0$$

$$\therefore \quad v_0 > \sqrt{\frac{2GM}{a}} = 1.12 \times 10^4 \; (\mathrm{m\,s^{-1}})$$

砲弾を地球の重力圏外に打ち出すというのは非現実的な設定に見えるが，脱出速度は惑星あるいは衛星が大気を保持しうるか否かという意味で，地球物理学では重要な物理量である．太陽系の惑星についていえば，地球や金星は惑星誕生時の大気質量をほとんど保持しているが，火星は大気の 99%以上を失い，水星はすべての大気を失った．

演 習 問 題

11.1 半径 a，面密度 σ の円板の中心 O を通り，円板に垂直な直線上で O から z の距離にある質量 m の質点に及ぼす円板の万有引力を求めよ．ただし，万有引力定数を G とせよ．

11.2 面密度 σ で無限の広さをもつ平板の，平板から z の距離にある質量 m の質点に及ぼす平板の万有引力を求めよ．ただし，万有引力定数を G とせよ．

11.3 半径 a，質量 M の球殻がある．中心 O から $z\,(z>a)$ にある質量 m の質点に及ぼす球殻の万有引力ポテンシャルと万有引力を求めよ．ただし，万有引力定数を G とせよ．

11.4 半径 a，質量 M の球殻がある．中心 O から $z\,(z<a)$ にある質量 m の質点に及ぼす球殻の万有引力ポテンシャルと万有引力を求めよ．ただし，万有引力定数を G とせよ．

11.5 万有引力の法則が成り立つならば，ケプラーの第 3 法則 (公転周期の 2 乗は公転半径の 3 乗に比例する) が成り立つことを示せ．ただし，惑星の公転軌道は円軌道とせよ．

11.6 楕円は 2 つの定点 (焦点) からの距離の和が一定の点の集合であると定義される. 楕円の定義から楕円を表す方程式が,
$$\frac{x^2}{a^2} + \frac{y^2}{b^2} = 1, \qquad a > b$$
で与えられることを示せ. 焦点の位置座標を $(c, 0)$, $(-c, 0)$ とせよ.

11.7 微惑星の衝突・併合によって原始惑星が形成されたとき, 半径は a, 質量は M で密度 ρ は一様であった. やがて重力分化が起こり, 密度の大きな物質は惑星の中心に向かって沈降し, 密度の小さな物質は惑星表面に浮上して 2 層構造をなした. 内部の物質の密度は ρ_1, 半径は a_1, 外部の物質の密度は ρ_2 であった. 重力分化過程で失われた位置エネルギーを求めよ. ただし, 重力分化の前後で地球の半径は不変とせよ.

A 付　　　録

A.1　球面極座標における加速度

球面極座標における加速度の r, ϕ, θ 成分を導こう．いったん動径 r を固定し，半径 r の球面上の方位角 ϕ，天頂角 θ の点 P において局所デカルト座標を設定する．x 座標は ϕ の向き，y 座標は θ の向き，z 座標は r の向きにとる．それぞれの座標の基本ベクトルを $\hat{i}, \hat{j}, \hat{k}$，速度 $\vec{v}$ の成分を u, v, w とすると，

$$\vec{v} = u\hat{i} + v\hat{j} + w\hat{k}$$

速度 $\vec{v}$ の成分は，

$$u = \frac{dx}{dt}, \quad v = \frac{dy}{dt}, \quad w = \frac{dz}{dt}$$

$x = r\cos\theta d\phi, \quad y = rd\theta$ なので，

$$u = r\cos\theta \frac{d\phi}{dt}, \quad v = r\frac{d\theta}{dt}, \quad w = \frac{dz}{dt} \tag{A.1}$$

加速度は基本ベクトルが時間変化するので，

$$\frac{d\vec{v}}{dt} = \hat{i}\frac{du}{dt} + \hat{j}\frac{dv}{dt} + \hat{k}\frac{dw}{dt} + u\frac{d\hat{i}}{dt} + v\frac{d\hat{j}}{dt} + w\frac{d\hat{k}}{dt} \tag{A.2}$$

となる．全微分と局所微分の間には，任意の関数 Φ に関して，

$$\frac{d\Phi}{dt} = \frac{\partial \Phi}{\partial t} + u\frac{\partial \Phi}{\partial x} + v\frac{\partial \Phi}{\partial y} + w\frac{\partial \Phi}{\partial z} \tag{A.3}$$

という関係がある．まず $\frac{d\hat{i}}{dt}$ を求めよう．$\hat{i}$ は x のみの関数なので，式 (A.3) より，

$$\frac{d\hat{i}}{dt} = u\frac{\partial \hat{i}}{\partial x}$$

図 A.1 より，

$$\lim_{\delta x \to 0} \frac{|\delta \hat{i}|}{\delta x} = \left|\frac{\partial \hat{i}}{\partial x}\right| = \frac{1}{r\cos\theta}$$

ベクトル $\frac{\partial \hat{i}}{\partial x}$ は z 軸を向く.また図 A.2 より,

$$\frac{d\hat{i}}{dt} = \frac{u}{r\cos\theta}(\hat{j}\sin\theta - \hat{k}\cos\theta) \tag{A.4}$$

次に $\frac{d\hat{j}}{dt}$ を考えよう.$\hat{j}$ は x と y の関数なので,式 (A.3) より,

$$\frac{d\hat{j}}{dt} = u\frac{\partial \hat{j}}{\partial x} + v\frac{\partial \hat{j}}{\partial y}$$

図 A.3 より,ϕ の正方向の運動について,

$$\frac{\partial \hat{j}}{\partial x} = -\hat{i}\frac{\tan\theta}{r}$$

図 A.4 より,θ の正方向の運動について,$|\delta\hat{j}| = \delta\theta$, $\delta y = r\delta\theta$ であり,$\delta\hat{j}$ は $\hat{k}$ の負の向きなので,

$$\frac{\partial \hat{j}}{\partial y} = -\frac{\hat{k}}{r}$$

したがって,

$$\frac{d\hat{j}}{dt} = -\hat{i}\frac{u\tan\theta}{r} - \hat{k}\frac{v}{r} \tag{A.5}$$

次に $\frac{d\hat{k}}{dt}$ を考えよう.$\hat{k}$ は x と y の関数なので,式 (A.3) より,

$$\frac{d\hat{k}}{dt} = u\frac{\partial \hat{k}}{\partial x} + v\frac{\partial \hat{k}}{\partial y}$$

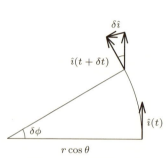

図 **A.1** $\hat{i}$ の ϕ 方向への変化

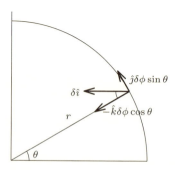

図 **A.2** ベクトル $\delta\hat{i}$ の分解

A.1 球面極座標における加速度

図 A.5 より，θ の正方向の運動について，$|\delta\hat{k}| = \delta\theta$, $\delta y = r\delta\theta$ であり $\delta\hat{k}$ は $\hat{j}$ の向きなので，

$$\lim_{\delta y \to 0} \frac{\delta\hat{k}}{\delta y} = \frac{\partial\hat{k}}{\partial y} = \hat{j}\frac{1}{r}$$

同様に，

$$\lim_{\delta x \to 0} \frac{\delta\hat{k}}{\delta x} = \frac{\partial\hat{k}}{\partial x} = \hat{i}\frac{1}{r}$$

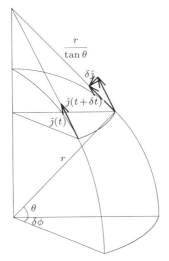

図 A.3 ベクトル $\delta\hat{j}$ の ϕ 依存性

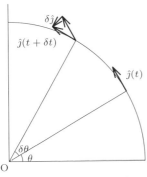

図 A.4 ベクトル $\delta\hat{j}$ の θ 依存性

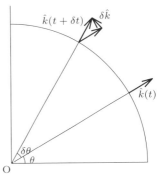

図 A.5 ベクトル $\hat{k}$ の θ 依存性

$$\frac{d\hat{k}}{dt} = \hat{i}\frac{u}{r} + \hat{j}\frac{v}{r} \tag{A.6}$$

式 (A.4)〜(A.6) を式 (A.2) に代入すると,

$$\frac{d\vec{v}}{dt} = \hat{i}\left(\frac{du}{dt} - \frac{uv\tan\theta}{r} + \frac{uw}{r}\right) + \hat{j}\left(\frac{dv}{dt} + \frac{u^2\tan\theta}{r} + \frac{vw}{r}\right)$$
$$+ \hat{k}\left(\frac{dw}{dt} - \frac{u^2+v^2}{r}\right) \tag{A.7}$$

となる.

A.2　ベクトル解析

A.2.1　ベクトル恒等式

よく用いられるベクトル恒等式を示す. ここで, Φ は任意のスカラー, A, B, C は任意のベクトルである.

1) $\vec{A} \times (\vec{B} \times \vec{C}) = (\vec{A} \cdot \vec{C})\vec{B} - (\vec{A} \cdot \vec{B})\vec{C}$
2) $\vec{A} \cdot (\vec{B} \times \vec{C}) = \vec{B} \cdot (\vec{C} \times \vec{A}) = \vec{C} \cdot (\vec{A} \times \vec{B})$
3) $\vec{\nabla} \times \vec{\nabla}\Phi = 0$
4) $\vec{\nabla} \cdot (\Phi\vec{A}) = \Phi\vec{\nabla} \cdot \vec{A} + \vec{A} \cdot \vec{\nabla}\Phi$
5) $\vec{\nabla} \times (\Phi\vec{A}) = \vec{\nabla}\Phi \times \vec{A} + \Phi\vec{\nabla} \times \vec{A}$
6) $\vec{\nabla} \cdot (\vec{\nabla} \times \vec{A}) = 0$
7) $(\vec{A} \cdot \vec{\nabla})\vec{A} = \frac{1}{2}\vec{\nabla}(\vec{A} \cdot \vec{A}) - \vec{A} \times (\vec{\nabla} \times \vec{A})$
8) $\vec{\nabla} \times (\vec{A} \times \vec{B}) = \vec{A}(\vec{\nabla} \cdot \vec{B}) - \vec{B}(\vec{\nabla} \cdot \vec{A}) - (\vec{A} \cdot \vec{\nabla})\vec{B} + (\vec{B} \cdot \vec{\nabla})\vec{A}$

A.2.2　各種座標系におけるベクトル演算子

デカルト座標

デカルト座標におけるベクトル演算を示す. ここで, Φ は任意のスカラー, $\hat{i}, \hat{j}, \hat{k}$ は x, y, z 座標の基本ベクトル, $\vec{A} = \hat{i}A_x + \hat{j}A_y + \hat{k}A_z$ は任意のベクトルを表す.

1) $\vec{\nabla}\Phi = \hat{i}\frac{\partial\Phi}{\partial x} + \hat{j}\frac{\partial\Phi}{\partial y} + \hat{k}\frac{\partial\Phi}{\partial z}$
2) $\vec{\nabla} \cdot \vec{A} = \frac{\partial A_x}{\partial x} + \frac{\partial A_y}{\partial y} + \frac{\partial A_z}{\partial z}$
3) $\vec{\nabla} \times \vec{A} = \hat{i}\left(\frac{\partial A_z}{\partial y} - \frac{\partial A_y}{\partial z}\right) + \hat{j}\left(\frac{\partial A_x}{\partial z} - \frac{\partial A_z}{\partial x}\right) + \hat{k}\left(\frac{\partial A_y}{\partial x} - \frac{\partial A_x}{\partial y}\right)$

円筒座標

円筒座標におけるベクトル演算を示す．ここで，Φ は任意のスカラー，$\hat{r}, \hat{\theta}, \hat{k}$ は r, θ, z 座標の基本ベクトル，$\vec{A} = \hat{r}A_r + \hat{\theta}A_\theta + \hat{k}A_z$ は任意のベクトルを表す．

1) $\vec{\nabla}\Phi = \hat{r}\dfrac{\partial \Phi}{\partial r} + \hat{\theta}\dfrac{\partial \Phi}{r\partial \theta} + \hat{k}\dfrac{\partial \Phi}{\partial z}$

2) $\vec{\nabla}\cdot\vec{A} = \dfrac{\partial(rA_r)}{r\partial r} + \dfrac{\partial A_\theta}{r\partial \theta} + \dfrac{\partial A_z}{\partial z}$

3) $\vec{\nabla}\times\vec{A} = \hat{r}\left(\dfrac{\partial A_z}{r\partial \theta} - \dfrac{\partial A_\theta}{\partial z}\right) + \hat{\theta}\left\{\dfrac{\partial A_r}{\partial z} - \dfrac{\partial(rA_z)}{r\partial r}\right\} + \hat{k}\left\{\dfrac{\partial(rA_\theta)}{r\partial r} - \dfrac{\partial A_r}{r\partial \theta}\right\}$

球面極座標

球面極座標におけるベクトル演算を示す．ここで，Φ は任意のスカラー，$\hat{r}, \hat{\phi}, \hat{\theta}$ は r, ϕ, θ 座標の基本ベクトル，$\vec{A} = \hat{r}A_r + \hat{phi}A_\phi + \hat{\theta}A_\theta$ は任意のベクトルを表す．

1) $\vec{\nabla}\Phi = \hat{r}\dfrac{\partial \Phi}{\partial r} + \hat{\phi}\dfrac{\partial \Phi}{r\cos\theta\partial \phi} + \hat{\theta}\dfrac{\partial \Phi}{r\partial \theta}$

2) $\vec{\nabla}\cdot\vec{A} = \dfrac{\partial(rA_r)}{r\partial r} + \dfrac{\partial A_\phi}{r\cos\theta\partial \phi} + \dfrac{\partial(A_\theta\cos\theta)}{r\cos\theta\partial \theta}$

3) $\vec{\nabla}\times\vec{A} = \hat{r}\dfrac{1}{r\cos\theta}\left\{\dfrac{\partial A_\theta}{\partial \phi} - \dfrac{\partial(A_\phi\cos\theta)}{\partial \theta}\right\} + \hat{\phi}\dfrac{1}{r}\left\{\dfrac{\partial(A_r\cos\theta)}{\cos\theta\partial \theta} - \dfrac{\partial(rA_\theta)}{\partial r}\right\}$
$\qquad\qquad + \hat{k}\dfrac{1}{r}\left\{\dfrac{\partial(rA_\phi)}{r\partial r} - \dfrac{\partial A_r}{\cos\theta\partial \phi}\right\}$

A.3 重要な物理量

万有引力定数：$G = (6.67259 \pm 0.00030) \times 10^{-11}\,\mathrm{m^3 kg^{-1} s^{-2}}$

地球の赤道半径：$a = 6.378137 \times 10^6\,\mathrm{m}$

地球の極半径：$b = 6.356755 \times 10^6\,\mathrm{m}$

地球の質量：$M_E = 6.0477 \times 10^{24}\,\mathrm{kg}$

地球の自転角速度：$\Omega = 7.292115 \times 10^{-5}\,\mathrm{s^{-1}}$

地球の平均公転軌道半径：$r_E = 1.4959787 \times 10^{11}\,\mathrm{m}$

地球の公転周期：$T_E = 3.652422 \times 10^2$ 日

太陽の質量：$M_S = 1.9891 \times 10^{30}\,\mathrm{kg}$

月の質量：$M_M = 7.4387 \times 10^{22}\,\mathrm{kg}$

月の赤道半径：$a_M = 1.738 \times 10^7\,\mathrm{m}$

月の軌道長半径：$r_M = 3.844 \times 10^8$ m

月の公転周期：$T_M = 2.732 \times 10$ 日

A.4 文　　　献

1) 金原寿郎著，『基礎物理学』上巻，裳華房，1963 年
2) 島津康男著，『地球内部物理学』，裳華房，1966 年
3) 島津康男著，『地球の進化』，岩波書店，1967 年
4) V.D. Burger, M.G. Olson 著，『力学－新しい視点に立って』，戸田盛和・田上由紀子訳，培風館，1975 年
5) 若桑光雄著，『力学演習』，培風館，1959 年

以下，最近刊行した発展的内容の参考書として 2 点挙げておく．
6) 武末真二著，『力学講義』，サイエンス社，2013 年
7) 原島鮮著，『力学 I』(41 版)，裳華房，2012 年

問題の解答

第 1 章

問 1 $2.455 \times 10^5 \,\mathrm{mm}^3$

【演習問題解答】

1.1 $\exp x$ を $x = 0$ の周りでテイラー級数に展開すると，
$$\exp x = 1 + \frac{1}{1!}x + \frac{1}{2!}x^2 + \frac{1}{3!}x^3 + \cdots = \sum_{m=0}^{\infty} \frac{1}{m!}x^m$$

x として $\tilde{i}x$ を代入すると，
$$\exp(\tilde{i}x) = 1 + \tilde{i}\frac{1}{1!}x - \frac{1}{2!}x^2 - \tilde{i}\frac{1}{3!}x^3 + \cdots$$
$$= 1 - \frac{1}{2!}x^2 + \frac{1}{4!}x^4 + \cdots + \tilde{i}\left(\frac{1}{1!}x - \frac{1}{3!}x^3 + \cdots\right) = \cos x + \tilde{i}\sin x$$

1.2
$$(\exp \tilde{i}\theta)^n = \exp(\tilde{i}n\theta)$$
オイラーの公式を適用すると，
$$(\cos\theta + \tilde{i}\sin\theta)^n = \cos n\theta + \tilde{i}\sin n\theta$$

1.3 -1.7×10^{-7}

第 2 章

問 1
$$\vec{A} \cdot \vec{B} = (A_x\hat{i} + A_y\hat{j} + A_z\hat{k}) \cdot (B_x\hat{i} + B_y\hat{j} + B_z\hat{k})$$
$$= A_x B_x + A_y B_y + A_z B_z$$

問 2
$$\vec{A} \times \vec{B} = (A_x\hat{i} + A_y\hat{j} + A_z\hat{k}) \times (B_x\hat{i} + B_y\hat{j} + B_z\hat{k})$$
$$= A_x B_y \hat{k} + A_x B_z(-\hat{j}) + A_y B_x(-\hat{k}) + A_y B_z \hat{i} + A_z B_x \hat{j} + A_z B_y(-\hat{i})$$

$$= (A_y B_z - A_z B_y)\hat{\imath} + (A_z B_x - A_x B_z)\hat{\jmath} + (A_x B_y - A_y B_x)\hat{k}$$

問 3

$$(\text{平行四辺形 OPQR の面積}) = (\text{平行四辺形 OPST の面積})$$
$$= (\text{長方形 UPSX の面積})$$
$$= (\text{長方形 UPVW の面積}) - (\text{長方形 XSVW の面積})$$

$$(\text{長方形 UPVW の面積}) = A_x B_y$$
$$(\text{長方形 XSVW の面積}) = A_x \overline{SV} = A_x B_x \frac{A_y}{A_x} = B_x A_y$$
$$(\text{平行四辺形 OPQR の面積}) = A_x B_y - B_x A_y$$

問 4

$$\vec{A} \times (\vec{B} \times \vec{C}) = \vec{A} \times \{(B_y C_z - B_z C_y)\hat{\imath} + (B_z C_x - B_x C_z)\hat{\jmath} + (B_x C_y - B_y C_x)\hat{k}\}$$
$$= (B_x C_y A_y - C_x A_y B_y - C_x A_z B_z + B_x C_z A_z)\hat{\imath}$$
$$+ (B_y C_z A_z - C_y A_z B_z - C_y A_x B_x + C_x A_x B_y)\hat{\jmath}$$
$$+ (B_z C_x A_x - C_z A_x B_x - C_z A_y B_y + B_z C_y A_y)\hat{k}$$
$$= B_x \hat{\imath}(\vec{C} \cdot \vec{A}) - C_x \hat{\imath}(\vec{A} \cdot \vec{B}) + B_y \hat{\jmath}(\vec{C} \cdot \vec{A})$$
$$- C_y \hat{\jmath}(\vec{A} \cdot \vec{B}) + B_z \hat{k}(\vec{C} \cdot \vec{A}) - C_z \hat{k}(\vec{A} \cdot \vec{B})$$
$$= \vec{B}(\vec{C} \cdot \vec{A}) - \vec{C}(\vec{A} \cdot \vec{B})$$

問 5 1) $34.3\,\mathrm{m\,s^{-1}}$ 2) $44.1\,\mathrm{m\,s^{-1}}$ 3) $9.8\,\mathrm{m\,s^{-2}}$

問 6 $50.0\,\mathrm{m\,s^{-1}}$

問 7 解答略

【演習問題解答】

2.1 1) $\vec{A} \cdot \vec{B} = -29$
2) $\vec{A} \times \vec{B} = 2\hat{\imath} - \hat{\jmath} - 2\hat{k}$
3) $\dfrac{1}{3}(2\hat{\imath} - \hat{\jmath} - 2\hat{k})$

2.2
$$\vec{B} \times \vec{C} = \begin{vmatrix} \hat{\imath} & \hat{\jmath} & \hat{k} \\ B_x & B_y & B_z \\ C_x & C_y & C_z \end{vmatrix}$$
$$= \hat{\imath}(B_y C_z - B_z C_y) + \hat{\jmath}(B_z C_x - B_x C_z) + \hat{k}(B_x C_y - B_y C_x)$$
$$\vec{A} \cdot (\vec{B} \times \vec{C}) = A_x(B_y C_z - B_z C_y) + A_y(B_z C_x - B_x C_z) + A_z(B_x C_y - B_y C_x)$$
$$= B_x(C_y A_z - C_z A_y) + B_y(C_z A_x - C_x A_z) + B_z(C_x A_y - C_y A_x)$$

$$= \vec{B} \cdot (\vec{C} \times \vec{A})$$
$$= C_x(A_y B_z - A_z B_y) + C_y(A_z B_x - A_x B_z) + C_z(A_x B_y - A_y B_x)$$
$$= \vec{C} \cdot (\vec{A} \times \vec{B})$$

2.3 $\hat{i} = \dfrac{\vec{A}}{|\vec{A}|}, \qquad \hat{j} = \dfrac{\vec{B} - \hat{i}(\hat{i} \cdot \vec{B})}{|\vec{B} - \hat{i}(\hat{i} \cdot \vec{B})|}$

2.4 $-1.93\,\mathrm{m\,s^{-2}}$

2.5 1) $v_{0-10} = 5.75\,\mathrm{m\,s^{-1}}$, $v_{10-20} = 10.1\,\mathrm{m\,s^{-1}}$, $v_{20-30} = 11.1\,\mathrm{m\,s^{-1}}$, $v_{30-40} = 11.6\,\mathrm{m\,s^{-1}}$, $v_{40-50} = 12.0\,\mathrm{m\,s^{-1}}$, $v_{50-60} = 12.2\,\mathrm{m\,s^{-1}}$, $v_{60-70} = 12.3\,\mathrm{m\,s^{-1}}$, $v_{70-80} = 12.2\,\mathrm{m\,s^{-1}}$, $v_{80-90} = 12.0\,\mathrm{m\,s^{-1}}$, $v_{90-100} = 12.0\,\mathrm{m\,s^{-1}}$

$\alpha_{5-15} = 3.19\,\mathrm{m\,s^{-2}}$, $\alpha_{15-25} = 1.06\,\mathrm{m\,s^{-2}}$, $\alpha_{25-35} = 0.568\,\mathrm{m\,s^{-2}}$, $\alpha_{35-45} = 0.473\,\mathrm{m\,s^{-2}}$, $\alpha_{45-55} = 0.242\,\mathrm{m\,s^{-2}}$, $\alpha_{55-65} = 0.123\,\mathrm{m\,s^{-2}}$, $\alpha_{65-75} = -0.123\,\mathrm{m\,s^{-2}}$, $\alpha_{75-85} = -0.242\,\mathrm{m\,s^{-2}}$, $\alpha_{85-95} = 0.000\,\mathrm{m\,s^{-2}}$

2) 加速度 $4.03\,\mathrm{m\,s^{-2}}$,　最高速度 $12.7\,\mathrm{m\,s^{-1}}$

2.6 $7.2921 \times 10^{-5}\,\mathrm{s^{-1}}$,　$3.38 \times 10^{-2}\,\mathrm{m\,s^{-2}}$

2.7 $1.02 \times 10^{3}\,\mathrm{m\,s^{-1}}$,　$2.72 \times 10^{-3}\,\mathrm{m\,s^{-2}}$

第3章

問1 $-2.90 \times 10^{3}\,\mathrm{N}$

問2 $-4.17 \times 10^{3}\,\mathrm{m\,s^{-2}}$, $-6.05 \times 10^{2}\,\mathrm{N}$

問3 $1.7 \times 10^{2}\,\mathrm{m}$

問4 速度が一定になる極限では重力と抗力がつり合うので,
$$0 = mg - kv, \qquad v = \frac{mg}{k}$$

問5 $\theta = \pi/4$

問6 運動方向が θ の正 (負) の向きのときには, おもりに働く θ 方向の力の向きは負 (正) の向きになるから.

問7 $2.01\,\mathrm{s}$

問8 つないだバネの一端を固定し, 他端に力 F を加える. このときバネ1の伸びを Δl_1, バネ2の伸びを Δl_2, 全体の伸びを Δl とする. また, つないだバ

ネ全体の相当バネ定数を k とする.
$$\Delta l = \Delta l_1 + \Delta l_2, \quad F = k_1 \Delta l_1 = k_2 \Delta l_2 = k \Delta l_1$$
$$\frac{F}{k} = \frac{F}{k_1} + \frac{F}{k_2}, \quad \frac{1}{k} = \frac{1}{k_1} + \frac{1}{k_2}$$

問9 $4.51°$

【演習問題解答】

3.1 $h = \dfrac{V_0{}^2}{2g}, \quad t = \dfrac{2V_0}{g}$

3.2 $y = \dfrac{(V_0 \sin\theta)^2}{2g}, \quad x = \dfrac{V_0{}^2 \sin 2\theta}{2g}$

3.3 1) $27.8\,\mathrm{m\,s^{-1}}$
2) $2.44 \times 10^3\,\mathrm{N}$

3.4 猿が元いた位置を基準として，猿の鉛直落下距離と銃弾の鉛直落下距離が等しくなるため猿は銃弾から逃れることができない．

3.5 $S_1 = (m_1 + m_2)(g + \alpha), \quad S_2 = m_2(g + \alpha)$

3.6 $T = 2\pi\sqrt{\dfrac{l\cos\theta}{g}}$

3.7 1) $2.00 \times 10^{20}\,\mathrm{N}$
2) 2.78×10^{-4} 倍

3.8 $k = k_1 + k_2$

第4章

問1 北西に時速 $70.7\,\mathrm{km}$ で走行しているように見える．

【演習問題解答】

4.1 $16.0\,\mathrm{s}$

4.2 $1.15 \times 10^5\,\mathrm{s}$ (31.9 時間)

4.3 鉄球を手放した位置の直下から $1.48 \times 10^{-1}\,\mathrm{m}$ 東へずれる．

4.4 $9.20 \times 10^5\,\mathrm{m}$ 南にずれる．

第 5 章

問1 0 (コリオリ力は運動方向に直角に働くから.)
問2 $W = mgl\sin\theta$
問3 $U = mgh$
問4 0.5 J

【演習問題解答】

5.1 $U = -\dfrac{1}{2}kx^2, \qquad F = kx$

5.2 $v = \sqrt{2gl(1 - \cos\theta_0)}$

5.3 $v = 42.0\,\mathrm{m\,s^{-1}}$

5.4 $y_{\max} = \dfrac{(V_0\sin\theta)^2}{2g}$

5.5 $F = 2.90 \times 10^3\,\mathrm{N}, \quad \mu' = 1.97 \times 10^{-1}$

5.6 $V_0 \geq \sqrt{5ag}$

5.7 点 T を位置エネルギーの基準点とし,点 P における質点の接線速度の大きさを v とすると,力学的エネルギー保存則により,
$$0 = \frac{1}{2}mv^2 - mga(1 - \cos\theta), \qquad v^2 = 2ag(1 - \cos\theta)$$
P 点では質点に働く重力の球面に垂直な成分と遠心力が等しいので,
$$m\frac{v^2}{a} = mg\cos\theta, \qquad \cos\theta = \frac{v^2}{a} = 2(1 - \cos\theta)$$
$$\cos\theta = \frac{2}{3}, \qquad \theta = \cos^{-1}\frac{2}{3} = 48.2°$$

第 6 章

【演習問題解答】

6.1 解答略
6.2 解答略
6.3 解答略

6.4 $\omega = \sqrt{2-\sqrt{2}}\sqrt{\dfrac{T}{ml}}, \qquad x_1 : x_2 : x_3 = 1 : \sqrt{2} : 1$

$\omega = \sqrt{2}\sqrt{\dfrac{T}{ml}}, \qquad x_1 : x_2 : x_3 = 1 : 0 : -1$

$\omega = \sqrt{2+\sqrt{2}}\sqrt{\dfrac{T}{ml}}, \qquad x_1 : x_2 : x_3 = -1 : \sqrt{2} : -1$

6.5 $x_1 = A_1 \cos\left(\sqrt{\dfrac{g}{l}}\, t - \phi_1\right) + A_2 \cos\left(\sqrt{\dfrac{g}{l} + \dfrac{2k}{m}}\, t - \phi_2\right)$

$x_2 = A_1 \cos\left(\sqrt{\dfrac{g}{l}}\, t - \phi_1\right) - A_2 \cos\left(\sqrt{\dfrac{g}{l} + \dfrac{2k}{m}}\, t - \phi_2\right)$

第7章

【演習問題解答】

7.1 1.50×10^2 kg，A 端から 4.00 m の点

7.2 地球の中心から月へ向かって 4.66×10^6 m の点

7.3 $X = 9.0$ cm，$Y = 4.0$ cm

7.4 対象軸上，円の中心から $\dfrac{2}{\pi}a$ の点

7.5 対称軸上，円の中心から $\dfrac{4}{3\pi}\dfrac{a^2+ab+b^2}{a+b}$ の点

7.6 対称軸上，球の中心から $\dfrac{3}{8}a$ の点

7.7 対称軸上，球殻の中心から $\dfrac{1}{2}a$ の点

7.8 対称軸上，球の中心から $\dfrac{3}{8}\dfrac{(b+a)(b^2+a^2)}{b^2+ba+a^2}$ の点

第8章

問1 -2.98×10^3 N

問2 衝突前の系の運動エネルギーは，

$$K = \dfrac{1}{2}m_1 v_1{}^2 + \dfrac{1}{2}m_2 v_2{}^2$$

第 9 章

衝突後の系の運動エネルギーは,
$$K = \frac{1}{2}m_1 v_1'^2 + \frac{1}{2}m_2 v_2'^2$$
$$= \frac{m_1}{2(m_1+m_2)^2}\{(m_1-m_2)^2 v_1^2 + 4m_2^2 v_2^2 + 4m_2(m_1-m_2)v_1 v_2\}$$
$$+ \frac{m_2}{2(m_1+m_2)^2}\{4m_1^2 v_1^2 + (m_2-m_1)^2 v_2^2 + 4m_1(m_2-m_1)v_1 v_2\}$$
$$= \frac{1}{2}m_1 v_1^2 + \frac{1}{2}m_2 v_2^2$$
衝突の前後で運動エネルギーは保存される.

問3 1) $\frac{1}{2}v$,　2) $\frac{1}{2}mv^2$,　3) $\frac{1}{4}mv^2$,　4) $\frac{1}{4}mv^2$

【演習問題解答】

8.1 1) $\tau = 7.19\,\text{s}$,　$\alpha = -1.93\,\text{m s}^{-2}$
2) $F = -2.90 \times 10^3\,\text{N}$
3) $F = -2.90 \times 10^3\,\text{N}$
4) $F = -2.90 \times 10^3\,\text{N}$

8.2 1) $v' = \frac{1}{5}v$
2) $\Delta K = \frac{27}{5}mv^2$

8.3 1) $v_1 = -2v$,　$v_2 = v$
2) $e = 1$

8.4 $V_0 = \sqrt{\frac{gd}{\sin 2\theta}\left(1+\frac{1}{e}\right)}$

8.5 1) $v = \frac{\Delta z}{\Delta t}$
2) $\eta z v$
3) $\eta(z+\Delta z)v$
4) $\eta(gz + v^2)$

第9章

問1 自動車のハンドルに加える力・手回し独楽を回す力・錐やドライバーを回す力・ドアノブを回す力・蛇口をひねる力・ビンのふたを開ける力・自転車のペ

ダルをこぐ力など

問2 41.4°, 29.0°

【演習問題解答】

9.1 おもり2を切り離した直後のおもり2の角運動量は $2mrv$. 角運動量は保存するので,
$$3mrv = mrv' + 2mrv, \qquad v' = v$$
おもり1の接線速度は変化しない. おもり2を切り離す前の運動エネルギーは,
$$K = \frac{1}{2}I\omega^2 = \frac{3}{2}mr^2\left(\frac{v}{r}\right)^2 = \frac{3}{2}mrv^2$$
おもり2を切り離した後の運動エネルギーは,
$$K_1 = \frac{1}{2}I\omega^2 = \frac{1}{2}mr^2\left(\frac{v}{r}\right)^2 = \frac{1}{2}mrv^2, \qquad K_2 = \frac{1}{2}2mv^2 = mv^2$$
$$K = K_1 + K_2 = \frac{3}{2}mv^2$$
おもり2を切り離す前後で系の運動エネルギーは保存される.

9.2 1) 円板の面密度 σ は,
$$\sigma = \frac{M}{\pi a^2}$$
半径 r と $r + \delta r$ に挟まれる円環に働く力のモーメントは,
$$\delta N = -r\mu g \sigma 2\pi r \delta r = -2\pi\mu\sigma g r^2 \delta r$$
円板全体に働く力のモーメントは,
$$N = \int_0^a dN = -\frac{2}{3}\mu a M g$$
2) 半径 r と $r + \delta r$ に挟まれる円環がもつ角運動量は,
$$\delta L = \sigma 2\pi r \delta r r^2 \omega = 2\pi\sigma r^3 \delta r \omega$$
円板のもつ角運動量は,
$$L = \int_0^a dL = \frac{1}{2}Ma^2\omega$$
3) $\dfrac{d\omega}{dt} = -\dfrac{4}{3}\dfrac{\mu g}{a}$
4) $\omega = \omega_0 - \dfrac{4}{3}\dfrac{\mu g}{a}t, \qquad \tau = \dfrac{3}{4}\dfrac{a\omega_0}{\mu g}$

9.3 1) $\theta = \cos^{-1}\left(\dfrac{2a}{l}\right)^{\frac{1}{3}}$

2) $\theta = 29.1°$

第10章

問1 $I = \dfrac{1}{12}Ml^2$

問2 $I = \dfrac{1}{3}Ml^2$

問3 ピアノ線の慣性モーメントは全慣性モーメントの 8.00×10^{-5} 倍なので，ピアノ線の慣性モーメントは無視できる．

問4 $23.2°$,　$18.7°$

【演習問題解答】

10.1 $I = \dfrac{1}{2}M(a^2 + b^2)$

10.2 $I = \dfrac{1}{4}M(a^2 + b^2) + \dfrac{1}{12}Md^2$

10.3 $I = \dfrac{2}{3}Ma^2$

10.4 $I = \dfrac{2}{5}M\dfrac{b^4 + ab^3 + a^2b^2 + ab^3 + b^4}{b^2 + ab + b^2}$

10.5 1) 9.693×10^{37} kg m^2

2) 8.136×10^{37} kg m^2

3) $+16.1\%$

10.6 $F_{min} = \dfrac{\sqrt{h(2a-h)}}{a}Mg$

10.7 おもり1に働くひもの張力を S_1，おもり2に働くひもの張力を S_2 とすると，作用反作用の法則により，おもり1側の滑車の側面のひもには下方に張力 S_1，おもり2側の滑車の側面のひもには下方に張力 S_2 が働く．滑車に関する角運動量方程式と，おもり1, 2に関する運動方程式は，

$$I\dfrac{d\omega}{dt} = (S_1 - S_2)a, \qquad m_1\dfrac{dv}{dt} = m_1 g - S_1, \qquad m_2\dfrac{dv}{dt} = S_2 - m_2 g$$

ひもと滑車の間には滑りがないので，

$$v = a\omega$$

以上の 4 式から S_1, S_2 を消去すると,
$$\{I_0 + (m_1 + m_2)a^2\}\frac{dv}{dt} = a^2(m_1 - m_2)g$$
初期条件は $t = 0$ で $v = 0$ なので,
$$v = \frac{a^2(m_1 - m_2)g}{I_0 + (m_1 + m_2)a^2}t$$

第11章

問1 水星や月が形成されたときには溶融状態の内部構造をもっており，その内部構造に太陽や地球の潮汐力が働き，固体構造との間に摩擦力が働いて自・公転周期が同期したと思われる．

問2 図 11.8 において惑星 P の位置座標を (x, y) とする.
$$\overline{\mathrm{OF_1}} = \overline{\mathrm{OA}} - \overline{\mathrm{F_1A}} = \frac{\eta}{1-\epsilon^2} - \frac{\eta}{1+\epsilon} = \frac{\epsilon\eta}{1-\epsilon^2} = c$$
$$x = r\cos\theta + c, \qquad y = r\sin\theta, \qquad r = \sqrt{(x-c)^2 + y^2}$$
上記の式を式 (11.49) に代入すると,
$$\frac{x^2}{\frac{\eta^2}{(1-\epsilon^2)^2}} + \frac{y^2}{\frac{\eta^2}{1-\epsilon^2}} = 1$$
ここで,
$$a = \overline{\mathrm{OA}} = \frac{\eta}{1+\epsilon} + \frac{\eta\epsilon}{1-\epsilon^2} = \frac{\eta}{1-\epsilon^2}, \qquad b = \frac{\eta}{\sqrt{1-\epsilon^2}}$$
なので,
$$\frac{x^2}{a^2} + \frac{y^2}{b^2} = 1$$

問3 第 1 象限 ($x > 0$, $y > 0$) の面積を求める.
$$\frac{1}{4}S = \int_0^a \frac{b}{a}\sqrt{a^2 - x^2}dx$$
$x = a\sin\theta$ とおくと,
$$\frac{1}{4}S = ab\int_0^{\frac{\pi}{2}} \cos^2\theta d\theta$$
$$= ab\int_0^{\frac{\pi}{2}} \frac{1 + \cos(2\theta)}{2} = \frac{ab}{2}\left[\frac{\pi}{2} + \frac{1}{4}\sin(2\theta)\right]_0^{\frac{\pi}{2}} = \frac{1}{4}\pi ab$$

$S = \pi ab$

【演習問題解答】

11.1 $F_z = -2\pi Gm\sigma \left(1 - \dfrac{z}{\sqrt{a^2+z^2}}\right)$

11.2 $F_z = -2\pi Gm\sigma$

11.3 $\Phi = -G\dfrac{mM}{z}, \qquad F_z = -G\dfrac{mM}{z^2}$

11.4 $\Phi = -G\dfrac{mM}{a}, \qquad F_z = 0$

11.5 円軌道の場合，向心力である万有引力は一定なので公転速度も一定となる．公転軌道半径を r，公転周期を T，公転速度を v とすると，
$$v = \dfrac{2\pi r}{T}, \qquad T^2 = \dfrac{4\pi^2 r^2}{v^2}$$
太陽質量を M，惑星質量を m，万有引力定数を G とすると運動方程式は，
$$m\dfrac{v^2}{r} = G\dfrac{mM}{r^2}$$
2 つの式から，
$$T^2 = 4\pi^2 r^2 \dfrac{r}{GM} = \dfrac{4\pi^2}{GM} r^3$$

11.6 $\sqrt{(x-c)^2+y^2} + \sqrt{(x+c)^2+y^2} = 2a$
$2(x^2+y^2+c^2) + 2\sqrt{(x^2+y^2+c^2)^2 - 4c^2 x^2} = 4a^2$
$\dfrac{a^2-c^2}{a^2} x^2 + y^2 = a^2 - c^2, \qquad \dfrac{x^2}{a^2} + \dfrac{y^2}{b^2} = 1$
ここで，$b^2 = a^2 - c^2$.

11.7 $\Delta U = 2\pi G M a^2 \left(\dfrac{a}{a_1} - 1\right)(\rho - \rho_2)$

索　引

あ 行

運動方程式　23, 38, 48, 79, 94, 133
運動摩擦係数　31, 54, 104
運動量　23, 79
　　——保存則　81

SI 基本単位　1
エネルギー　52
　　——方程式　48
　　——保存則　54
　　位置——　49
　　運動——　48
　　回転の——　83
　　電気——　54
　　熱——　54
　　力学的——　52
　　力学的——保存則　52
円軌道　37, 122, 123, 132
遠心力　42, 128
円錐曲線　136
円錐振子　37
円筒座標　3, 4

か 行

回転系　41, 42, 94
回転楕円体　119, 128
海洋潮汐　128, 130
角運動量　95
　　——方程式　94
　　——保存則　98
　　全——　100
角振動数　34, 58, 60, 67, 68, 70, 71
角速度　18, 22, 41
　　公転——　122

自転——　131
過減衰　56, 58, 71
加速度　15
　　向心——　19
　　等——運動　16
ガリレイ, ガリレオ　32, 39
ガリレイ変換　39
ガリレオ衛星　32
慣性系　38
慣性の法則　23
慣性モーメント　107
慣性力　40
間接測定値　2
完全非弾性衝突　86

基準振動　68
起潮力　130
軌道要素　120
球面極座標　4, 21
強制振動　58

偶力　96
クロネッカーのデルタ　73, 81

ケプラー, ヨハネス　132, 134
ケプラーの 3 法則　132
　　第 1 法則　137
　　第 2 法則　135
　　第 3 法則　123, 138
原始惑星　140
減衰振動　57

向心加速度　19, 35
向心力　35
剛体　73

公転運動　35, 130
公転軌道　122
　　――半径　145
公転周期　121, 123, 132, 137, 138
公転速度　130–132
抗力　27, 28, 31
コリオリパラメータ　43
コリオリ力　42, 43

さ 行

歳差運動　118
座標変換　5
作用反作用の法則　23

次元量　1
仕事　48
仕事率　52
自然長　35
実体振子　111
質点　18
質点系　72
質量中心　73
自転周期　132
重心　74
自由落下運動　26
重力　37, 43
　　――圏　138
　　――圏外　139
　　――分化　120, 140
　　――分化過程　140
重力加速度　26
重力場　74, 75, 118
ジュール, ジェームス　53
ジュールの法則　53

ストロマトライト　131

静止衛星　123
静止摩擦係数　31, 33, 101
絶対静止系　38
線密度　78

相対運動　38
速度　14
　　終端――　27, 28
　　接線――　18, 22, 36, 104, 105
　　脱出――　138
束縛運動　30

た 行

第1宇宙速度　123
第2宇宙速度　138
楕円運動　17
楕円軌道　47, 132, 137, 138
単振動　127
弾性衝突　85
弾性力　51
単振子　33

力のモーメント　95
地動説　132, 133
中心力　98
直接測定値　2
直交曲線座標　3
　　――系　21
直交直線座標　3

テイラー級数　6
テイラー展開　6
デカルト座標　3
　　局所――　141
天頂角　4, 141
天動説　32, 39, 132, 133

動径　3
等速円運動　18
等速直線運動　16

な 行

2重振子　66, 70
ニュートン, アイザック　25
ニュートンの運動の3法則　23
ニュートンの運動方程式　23, 38, 48, 79, 94

熱の仕事当量　54

は 行

はね返り係数　84
バネ定数　35, 37
バネ振子　34
速さ　14
バロー，アイザック　25
反射の法則　89
反発係数　84
万有引力　123
　——定数　123
　——の法則　123
　——ポテンシャル　124

非慣性系　40
非弾性衝突　84
表面張力　43
微惑星　120, 140

フーコー，レオン　43
フーコー振子　43
　——日　47
フックの法則　34
ブラーエ，ティコ　121, 132
振子　30
　——の等時性　32

平面極座標　3
変位　10

方位角　3, 4
放物運動　28

放物線　29
保存力　49
ボルダの振子　112

ま 行

マクローリン展開　7
摩擦　30
摩擦力　25

見かけの力　40
右手系　3
ミランコビッチ，ミルーティン　120
ミランコビッチ理論　120

無次元量　1
無重力状態　43

面積速度　132, 135

や 行

有効数字　2

ら 行

落体の法則　32

力積　79
臨界減衰　58

連成振動　69

わ 行

ワット，ジェームス　52

著者略歴

守田　治
1946 年　福岡県に生まれる
1974 年　九州大学大学院理学研究科博士課程単位取得退学
　　　　 気象庁，九州大学大学院理学研究院准教授を経て
現　在　福岡大学環境未来オフィス教授
　　　　 理学博士

基礎解説　力学　　　　　　　　　　　　　定価はカバーに表示

2015 年 3 月 15 日　初版第 1 刷

著　者　守　田　　　治
発行者　朝　倉　邦　造
発行所　株式会社　朝　倉　書　店
　　　　東京都新宿区新小川町 6-29
　　　　郵便番号　162-8707
　　　　電話　03(3260)0141
　　　　ＦＡＸ　03(3260)0180
　　　　http://www.asakura.co.jp

〈検印省略〉

ⓒ 2015〈無断複写・転載を禁ず〉　　　　中央印刷・渡辺製本

ISBN 978-4-254-13115-4　C 3042　　Printed in Japan

JCOPY　<(社)出版者著作権管理機構　委託出版物>

本書の無断複写は著作権法上での例外を除き禁じられています．複写される場合は，そのつど事前に，(社)出版者著作権管理機構（電話 03-3513-6969，FAX 03-3513-6979，e-mail: info@jcopy.or.jp）の許諾を得てください．

東大 吉岡大二郎著
朝倉物理学選書1
力　　　　学
13756-9 C3342　　A5判 180頁 本体2300円

物体間にはたらく力とそれによる運動との関係を数学をきちんと使いコンパクトに解説。初学者向け演習問題あり。〔内容〕歴史と意義／運動の記述／運動法則／エネルギー／いろいろな運動／座標系／質点系／剛体／解析力学／ポアソン括弧

東大 山崎泰規著
基礎物理学シリーズ1
力　　　学　　Ⅰ
13701-9 C3342　　A5判 168頁 本体2700円

現象の近似的把握と定性的理解に重点をおき，考える問題をできる限り具体的に解説した書〔内容〕運動の法則と微分方程式／1次元の運動／1次元運動の力学的エネルギーと仕事／3次元空間内の運動と力学的エネルギー／中心力のもとでの運動

前横国大 栗田　進・前横国大 小野　隆著
基礎からわかる物理学1
力　　　　学
13751-4 C3342　　A5判 208頁 本体3200円

理学・工学を学ぶ学生に必須な力学を基礎から丁寧に解説。〔内容〕質点の運動／運動の法則／力と運動／仕事とエネルギー／回転運動と角運動量／万有引力と惑星／2質点系の運動／質点系の力学／剛体の力学／弾性体の力学／流体の力学／波動

前兵庫県大 岸野正剛著
納得しながら学べる物理シリーズ2
納得しながら基礎力学
13642-5 C3342　　A5判 192頁 本体2700円

物理学の基礎となる力学を丁寧に解説。〔内容〕古典物理学の誕生と力学の基礎／ベクトルの物理／等速運動と等加速度運動／運動量と力積および摩擦力／円運動，単振動，天体の運動／エネルギーとエネルギー保存の法則／剛体および流体の力学

青学大 秋光　純・芝浦工大 秋光正子著
基　礎　の　力　学
13099-7 C3042　　B5判 144頁 本体2800円

理工系学部初年度の学生のため，長年基礎教育に携わる著者がやさしく解説。例題・演習を中心に全4編14章をまとめ，独習でも読み進められるよう配慮。〔内容〕力学のための基礎数学／質点の力学／質点系の力学／剛体の力学

静岡大 増田俊明著
はじめての応力
13104-8 C3042　　A5判 168頁 本体2700円

直感的な図と高校レベルの数学からスタートして「応力とは何か」が誰にでもわかる入門書。〔内容〕力とベクトル／力のつり合い／面に働く力／体積力と表面力／固有値と固有ベクトル／応力テンソル／最大剪断応力／2次元の応力／他

理科大 鈴木増雄・前東大 荒船次郎・元東大 和達三樹編
物理学大事典（普及版）
13108-6 C3542　　B5判 896頁 本体32000円

物理学の基礎から最先端までを視野に，日本の関連研究者の総力をあげて1冊の本として体系的解説をなした金字塔。21世紀における現代物理学の課題と情報・エネルギーなど他領域への関連も含めて歴史的展開を追いながら明快に提起。〔内容〕力学／電磁気学／量子力学／熱・統計力学／連続体力学／相対性理論／場の理論／素粒子／原子核／原子・分子／固体／凝縮系／相転移／量子光学／高分子／流体・プラズマ／宇宙／非線形／情報と計算物理／生命／物質／エネルギーと環境

V.イリングワース編
前東大 清水忠雄・前上智大 清水文子監訳
ペンギン物理学辞典
13106-2 C3542　　A5判 528頁 本体9200円

本書は，半世紀の歴史をもつThe Penguin Dictionary of Physics 4th ed.の全訳版。一般物理学はもとより，量子論・相対論・物理化学・宇宙論・医療物理・情報科学・光学・音響学から機械・電子工学までの用語につき，初学者でも理解できるよう明解かつ簡潔に定義づけするとともに，重要な用語に対しては背景・発展・応用等まで言及し，豊富な理解が得られるよう配慮したものである。解説する用語は4600，相互参照，回路・実験器具等図の多用を重視し，利便性も考慮されている。

上記価格（税別）は2015年2月現在